屋主都要看的

裝潢知識大補帖

住宅設計

喬一喬

黃仲均 ———— 著

說說我和這本書的關係……

我認識的作者是位年輕熱血，有理想抱負，又有才華的室內設計師，而我則是在廚具業界有著 30 多年經驗的廚具設計師，在一個共同為業主打造心目中理想家園的規劃中合作無間，隨著時間的推移，不知不覺中也合作了 10 餘年。

時代變遷的速度飛快，房價居高不下的現實我們都深深有感。這時我們需要像 "魔術師" 般的設計規劃達人，幫我們創造由小變大的空間，協助我們完成幸福溫暖的夢想家，而這空間的魔術師就是 George ！

與 George 配合的案子，每每都能看見他的細心，用專業角度替業主多著想，除了展現整體性的風格，也能兼顧到主人的喜好。

近幾年自媒體百家爭鳴，George 依然沒有缺席，甚至堪稱業界的佼佼者。團隊製作的 YouTube 影片生動有趣，讓收看的消費者能快速理解箇中精隨，解決裝修所產生的困惑，獲益匪淺，目前粉絲持續增加當中（我也是其中之一）。現今還能有這樣不藏私的設計師願意在百忙中抽空時間付出所學心力（優秀的設計師真的很忙），只為讓更多有需求的人少走冤枉路，避免遭不肖業者受騙上當，實屬難得！

關於書中的觀點和建議，就連身為廚具專業的我都覺得無比受用，George 忠實記錄裝修細節，希望帶給閱讀此書的讀者指引，這應該也就是他衷心的期盼吧！

在此倍感榮幸為 George 撰寫推薦序，也誠摯邀請本書的讀者，從字裡行間體會優秀設計師要提點且告訴我們的故事。

Toclas Kitchen

台灣總代理｜是品名廚

總經理 馮泓逸

　　與許多人相同，我已經追蹤喬治總監的優尼客空間設計頻道有一年多的時間了，當時看到這個頻道的時候，我觀察到喬治總監在設計上有許多細節與規劃都有助於我對於建設案的規劃，因為在建設規劃期很容易忽略住戶後續裝修的需求，所以我一直藉由喬治總監在裝修需求面的解說及經驗，再審視我們自己的建案規劃是否能讓住戶更舒適方便。能與喬治總監從網路拉到現實的緣分則來自於當時頻道徵求開箱建案，而我也抱持小粉絲希望能與偶像見面的心態來投稿，沒想到我竟然能有這個機遇讓總監選擇開箱我們的建案，更何況是遠在台南又沒有業配的案子，當時接到通知也真的開心不已。

　　第一次與總監見面前都很緊張，直到拍攝那天我心中的石頭才放下，因為總監真的是跟頻道上所見一樣為人親和，跟他聊天不會有距離感，我們在許多建案規劃及建材選用上有許多相同的想法及觀點。當天我記得天氣非常炎熱，而總監卻不辭辛勞、揮汗如雨的陪著我們上下樓細察每一處的規劃及應用討論，到後面開拍時，因為我們介紹人員一直緊張 NG，總監也是耐心的陪著她緩和情緒，將這個影片完成。雖然只有這短短一天的拍攝，但是我們在中途休息時與總監聊天過程中發現，總監對於裝修上融合了實用及美感，一切都源自他辛苦走來的經驗累積，他不吝提供也讓我們對於未來的案子更有想法。經由這一次拍攝，我更感受到自媒體的影響力，我們在影片上架後，不僅對於建案銷售上有很大的助力，更讓我們公司的臉書粉專多出許多追蹤人數。

　　這一次更是開心聽到喬治總監要出書的消息，榮幸的是也能讓他邀請我們敘寫本書的序章，喬治總監對於裝修上的經驗及設計也確實到位，很多地方可能無法使用自媒體闡述說明清楚，但這本書對於有裝修需求的人一定有很大的幫助，因為確實我們在建案規劃上也應用了很大部分喬治總監的介紹說明，讓住家更增添功能性設計，最後極力推薦各位讀者將此書看完後也記得訂閱追蹤「優尼客空間設計」。

百耘建設有限公司

總經理 蔡承祐

　　總監不僅是設計專業，更是真心關懷每一位屋主的需求。在資訊爆炸的時代，他總是負責任地為大家破解各種裝修迷思，他對設計的熱情和對屋主的關懷讓人印象深刻。

　　遇到像總監這樣的設計師，對我們來說是一大幸事。新屋裝修最容易遇到、卻也最容易被大家忽視的，就是甲醛超標的問題。總監深知裝修後的空氣品質對居住者健康的重要性，所以也特別強調除甲醛這一環節在裝修過程中的重要性，能夠與總監合作，共同把關屋主的空氣品質健康，實在是一件令人感到幸運的事情。

　　也正因為總監對屋主如此關心，所以不只是空間設計本身，裝潢前的準備工作、預算的掌控、材質的選擇，以及裝修後除甲醛等各種細節，總是熱情地為大家解說，幫助大家解決各種困惑。

　　因此，當我們聽到總監即使工作繁忙，仍然努力把自己的專業經驗濃縮到書中，讓大家深入淺出地吸收裝修必知的大小事時，我們非常感動，也感到榮幸能為本書寫推薦序。

　　無論你是想要自己動手裝修的屋主，還是一位新手設計師，我都強烈推薦你這本書，這本書將成為你裝修路上的好伴侶，也期待更多人在吸收專業知識之餘，也能了解到總監重視屋主健康的精神，一起為健康的居家環境努力。

妙健環境科技股份有限公司

董事長 劉思明

在 2022 年認識了優尼客設計總監 George。

有天，行銷主管告知我，有間設計公司 - 優尼客，總監在使用翔特塑鋁百葉窗後非常滿意，希望做一集影片來介紹百葉窗。多年來我一直從事外銷，沒有任何拍攝經驗，擔心會緊張失誤，但實為難得的機會，就欣然接受邀請！拍攝當天，也是首次與 George 見面，先帶著他逛逛我們位於士林的展間，介紹分享各類型窗飾。交談討論中，能感受到 George 確實很專業，針對不同產品亦能有很多規劃配置想法以及如何實踐的概念。

當然，拍攝也是相當順利，George 口條清晰，不只非常專業，更是幽默風趣，在他的引導下，讓我能夠心情放鬆完成影片拍攝！影片開播後，百葉窗受到各地觀眾的青睞，希望對百葉窗有更多的了解，以便和設計師溝通或融入自己的規劃。我驚訝的同時更多的是感激，感謝 George 的認同及推薦，同時也強烈感受到客戶對總監獨到眼光的信任，這也是我一直對 George 的肯定。

此後，我也跟你們一樣，成為了 George 的忠實粉絲！

總監帶領著優尼客菁英團隊，在客戶不同需求及預算的條件下，採用最優質建材及施工來達成業主的需求。我從一個窗飾產品供應商了解到，優尼客為業主層層把關，任何施作在設計內的產品都必須實際採用後並滿意品質才會提供給業主。當然除了優秀建材產品推薦外，也能從 George 這邊得知相當多知識，避免設計上失誤及裝潢上的誤區。George 不只是一位對客戶提供完善服務的設計總監，更是傾囊相授，用居家設計裝修的專業知識來幫助每一位消費者。

很高興 George 要把他多年來設計裝修經驗集結成書，這本書也包括各類影片中設計裝修的精華！我相信 George 的寶貴經驗和完美作品，可做為設計同業及設計專業學生作為工具書，也是購買新屋或老屋翻修業主一本無價的參考書！

翔特國際窗飾股份有限公司
董事長 羅威恩

初次與優尼客設計公司黃仲均總監相識是在一場居家健康裝修設計的講座。當時的我是極力在倡導居家設計應該考慮新風全熱交換系統的應邀廠商，而在當時對於新風全熱交換系統這方面的知識及設計概念的設計師中， 黃仲均設計師算是較早的一批、有非常深入的涉獵。 初次的交談後，我對於黃設計師對客戶的熱忱，以及不同於一般設計師的思考能力所震懾；我覺得這位設計師真的是與眾不同，沒想到進一步跟他數度的交談與合作之後，不知不覺就變成了共同理念的好朋友！

設計裝潢的產業的確存在著很多令人困惑、誤區、不了解的元素很多，但相反地，它也存在著更多的解說、溝通、了解逐步建立信任。

而 George 就是一位能夠兼具專業及高度熱誠的設計師，我非常有幸跟他合作了幾個案場，看到他對於接案的評估以及設計想法在產生之前他一定會深入的了解客戶的需求、了解他們的生活習性、以及對新家的期待…等種種的準備，他曾說唯有對客戶的了解及客戶的信任，才能真正設計出符合生活所需的品質與價值。

他非常注重「人」，一切的設計是以人為導向，而非是作品集的產出。

在疫情發生的這幾年，新風全熱交換系統中通風、淨化、防疫的功能逐漸為客戶、消費者所認識；而裝潢客戶的需求中指定安裝的機會與比例也越來越高了，尤其是裝修過程中容易所產生的甲醛、PM 2.5、二氧化碳或是種種的有機化合物這些會影響到業主居家健康的問題，他總是在一剛開始規劃案場的時候就會把「居家生活的健康」放在最前面！ 而不管是居家或商辦 George 總是會不厭其煩地跟客戶溝通，他是真正「居家健康綠裝修」的先驅者、實作者！

除了專業、熱誠以外，George 他還有一個與跟其他人很不一樣的特點就是「不藏私」 ！

有一天他跟我說他開始在 YouTube 上面了製作一些影片，分享給一些對於設計裝修方面有許多疑問、好奇、跟不了解的朋友。從買房之後的設計裝潢資料的尋找、或者是要不要找設計師？還是找發包商？對於格局、木作、泥作、櫥櫃、客廳、餐廳居家生活機能種種的這些問題令人絞盡腦汁的問題，他都以毫不保留的方式在影片上分享給大家。而沒想到他當初只是「初試啼聲」，卻竟然就「一炮而紅」，也成為設計裝潢界知名網紅了！在這個領域中，我們非常幸運的有 George，因為他的坦誠、敢言、與分享，我們才會有避免踩雷、撞壁、甚至失血的狀況產生。

George 的專業甚至延伸到了醫療界。在疫情之後，醫療診所空間的規劃也面臨了新的轉折點。George 具有高度國際視野，引進國外先進「人性」醫療診所空間的規劃概念，加上減少醫療空品污染與傳染的良好的空氣淨化與品質監控規劃，創新的思維帶給高雄醫師診所協會的所有醫師們，也深得專業醫師青睞！

很開心 George 這次又要再度展現他的才華，將他多年的在裝修設計界的經驗以及在影片上面的無私分享，再度毫不保留的提供給大家！George 真的是多才多藝，稱的上是「專業斜槓」的代表，在這一切亮麗的背後其實就看不到的其實他非常努力！他是個實作的優秀設計師！新書裡面對於我們所好奇裝修的種種問題都做了非常詳盡的解說，是一本入門者也好、專業者也好，值得參考的好書。

在此我預祝新書的發表順利，在這本好書的帶領之下有更多人得到更新、更多的好 idea，與更符合人性居住的健康生活品質！

瑞典 Luftrum 瑞際
智能淨化科技台灣總代理
誠仁國際有限公司
總經理 洪千淑

在七年前,我的屋況十分老舊,那時我的室內設計需求是希望能夠將舊屋整個翻轉如新屋一樣美麗且舒適。不知道你們有沒有印象看過一個日本節目叫做「全能住宅改造王」,裡面的名設計師都能將屋況非常差的房子做出令屋主感動到無法用言語形容的成品。

坦白說,我自認為這個工程是很艱難且可能需要花上大筆鈔票才能達成的,在這中間我尋尋覓覓許多了設計師,也上網查詢非常多的文章,始終都沒能找到能夠共構自己理想家園的設計師,後來因緣際會經由摯友介紹而認識了喬治總監。

在經過許多挫折以及認清理想家園的高難度,一開始其實是不抱太大希望前往與喬治總監接洽討論,但在與總監第一次討論自己理想的設計目標的時候,喬治總監都是可以很快速的解決我心中的疑慮並且很清晰的描繪出我心中理想的家園。

在第一次接洽中,就能清楚了解到總監在設計的功夫上是非常深厚的,並且也十分替客戶著想,原先以為需要端上大把鈔票才能達成的目標,沒想到總監的經驗及見解反而讓我省去許多的費用,隨著與總監的每一次討論,我心中越來越期待最終的成品。

完工那天,在總監的介紹之下,我與家人看到了我們的新家園,我就像全能住宅改造節目中的屋主一樣,滿臉都是不可置信的表情,體會到什麼叫做無法用言語表達出來的感動,萬分慶幸也十分感謝能夠遇到喬治總監完善我理想的家園,直到至今,我都非常滿意我家中所有的設計以及其中的巧思!

很開心得知總監出書了!以總監的經驗以及歷練勢必可以替讀者們解決許多對於裝潢上的困擾難題,尤其在這萬物皆漲的世代,裝潢的費用相較之前墊高了許多,所以大家都會希望把辛苦賺的錢花在刀口上,相信拜讀總監的書籍之後可以替我們省去許多不該花的費用並且打造出理想的家園!

屋主
新店 王小姐

之前因為老家需要翻修的緣故，經由朋友的推薦認識了喬治總監，身為裝修小白專業戶的我，初次裝修非常害怕有不好的體驗，但是喬治總監總是不厭其煩的跟我說明很多裝修眉角。

施工過程中當然也發生很多不可控制的突發狀況，我都會特別擔心是不是無法解決，也慶幸遇到的是經驗非常豐富的設計公司，馬上就可以提出方案、解決問題。

歷經了半年改造完畢，親朋好友來到新家都大呼不可思議，怎麼可以將一間年近半百的老屋打造得這麼舒適，當下的感動真到今天都還是歷歷在目。當喬治總監邀請我寫推薦文時，我真的好開心，沒想到他到現在都還記得我，電話中他説他沒當我是客戶，已經當我是朋友了！

我認為這本書就是濃縮喬治總監長年來的設計實力與工程經驗匯集而成的，相信一定會對預計要裝修的屋主提供非常多的幫助，就跟我很滿意我家一樣！

屋主
內湖 Hank

　　優尼客室內裝修的喬治是和本所長期配合的優質設計師，我會說他優質並不是單純因為身為優尼客室內裝修與本所長期配合法律顧問，而是因為優尼客室內裝修的喬治總是在潛在問題發生之前就替消費者預先做好設計規劃的人。他總是盡量以淺顯的方式，讓消費者瞭解住宅裝修可以替消費者達成哪些目標，以及設計師為了達成那些目標設計做了哪些設計巧思。我心中的優質設計師就是那些事前盡量溝通而避免認知誤差的設計師，而優尼客的喬治就是這樣的優質設計師。

　　喬治在 YouTube 上經營的有聲有色，訂閱數逼近 10 萬人，這樣的訂閱數在台灣的裝修業界算是不小社群，喬治儼然成為新一代的裝修大師。近來得知喬治將他這一身室內設計的本領寫成《住宅設計喬一喬》，這不僅是一本描述喬治關於住宅設計理念的書，更是一本可以帶領消費者一窺住宅設計奧妙的寶典，對於即將進行住宅裝修的消費者，藉由此書可以快速提升好幾成的功力，對於已經在進行住宅裝修的消費者，也可以藉由此書和目前的設計師進行更多的對話與溝通。

　　《住宅設計喬一喬》是一本即將進行住宅裝修的消費者的裝修必讀攻略，也是設計達人喬治寫給許多『裝修小白』的指南書，讓消費者兩三招可以破解裝修蟑螂的破綻，也讓消費者可以用設計師的語言相互溝通而不會成為別人設計師眼中的地雷屋主。喬治把他寶貴經驗用淺顯易懂的方式傳授給各位閱聽大眾，希望為住宅設計業界注入一股活水，喬治的理念雖然簡單，但是他是少數能夠堅持初衷一直朝著自己的目標前進的設計師，這是令我佩服的地方。

　　喬治從室內設計師、YouTube 網路名人、到現在成為設計師作家，再次登上人生的另一個高點，得知他即將新書發表時，我感到非常興奮，也非常榮幸能為他寫推薦序。我從事法律工作二十餘年，我知道住宅裝修是許多消費者一輩子大事，但是消費者經常因為選錯設計師而懊悔不已，甚至對簿公堂，喬治的這本書就是要讓裝修小白跳出裝修迷思的寶典，讓消費者可以用設計師能夠理解的語言與設計師共同規劃攸關一生的住宅空間，強力推薦這本書給首次裝修的讀者收藏並再三研讀。

天一法律事務所所長

律師 林紹源

　　我有兩個弟弟，為了有效利用空間，從小到大都是睡在上下舖一直到我出了社會，這也導致我非常渴望有屬於自己的空間，進一步的就對室內設計產生極大的興趣，這應該也是為什麼我會走上這條不歸路的主因（笑）。

　　我一直深信在每個產業中，總會有很多不在計畫內的考驗，但每次考驗如果能順利通過，就能得到某種特定的成長養分。

　　從業將近二十個年頭，從觀念到實踐，從空間到情感，室內設計是一門充滿魔力的藝術，超越了純粹的美觀，更是將生活注入到空間中的奧妙之處。

　　兩年前創立了 YT 頻道"優尼客空間設計"，一開始的初衷就是單純分享裝修知識與經驗，幫助初次的裝修小白以及剛入行的設計師正確觀念，影片一直以來也受到大家的支持與回響，更加深我想要撰寫關於設計裝修方面的書籍。

　　這本書不僅提供設計規劃方向，更是我多年以來實務經驗的重要分享。無論是準備初次裝修或是有過往經驗的，我相信每個人都能透過書中想分享的概念與經驗讓設計裝修更加上手。

　　最後，我由衷感謝每一位選擇閱讀這本書的讀者。讓我們一起，喬一喬，為日後的居家生活增添更多的美好和溫暖。

George

Content

目　錄

014　　Ch1. 裝潢前喬一喬

016　　　　Part 1　　裝潢前要知道的 5 件事！

022　　　　Part 2　　裝潢要找設計師還是統包？

028　　　　Part 3　　自行發包、修繕找對人了嗎？

034　　　　Part 4　　兩大方式幫你辨別裝潢蟑螂

042　　　　Part 5　　年前裝潢大塞車，裝修工期怎麼抓？

047　　　　Part 6　　室內裝修屋主最怕遇到的 4 種超雷設計師

052　　　　Part 7　　設計師最怕遇到的 8 種客戶，你上榜了嗎？

060　　Ch2. 預算喬一喬

062　　　　Part 1　　老屋翻新貴桑桑！新成屋裝潢比較便宜？

　　　　　　　　　　裝潢預算怎麼抓？裝潢費差在哪？

067　　　　Part 2　　自己監工真的能省錢？裝修細節沒顧好，小心花更多

078　　　　Part 3　　裝修預算這樣抓！隱藏成本貴到超出想像

084　　　　Part 4　　設計師不會告訴你的裝修預算分配技巧

094   ## Ch3. 設計喬一喬

096	Part 1	住家裝修不踩雷！10 個最常被忽略的插座
104	Part 2	一般迴路？專用迴路？最容易搞混的 13 個迴路配置
109	Part 3	冷氣永遠吹不冷？4 招讓你快速選出合適你的空調
113	Part 4	懶人專屬，不後悔的超實用設計
118	Part 5	潮濕發霉好噁心，盤點三大濕區，
		裝潢一定要注意這 5 件事！
124	Part 6	裝修必讀攻略！選對天花板設計，輕鬆逆轉格局
131	Part 7	系統櫃 vs 木作櫃該怎麼選？
		教你 4 招懶人判斷法，優缺點一次看！
136	Part 8	做完超後悔！6 款超雷設計真的很 NG！
141	Part 9	強迫症勿看！裝修設計 8 個置中就 NG 的位置
148	Part 10	美觀又好清潔！7 個超實用玄關設計重點
154	Part 11	5 個設計大地雷，找出讓你不愛下廚的原因
166	Part 12	別把浴室做錯了！5 大重點教你設計超實用浴室
172	Part 13	浴室絕對不能出現的地雷設計！
		想要居家安全就要避開「5 腐倒」

178   ## Ch4. 材質喬一喬

180	Part 1	材質這樣挑讓裝潢看起來更高貴！
187	Part 2	這 4 個地方做花磚，瞬間提升質感！
198	Part 3	4 步驟有效改善甲醛危機
202	Part 4	6 大主流窗簾特性分析，選對軟件增添室內氛圍

CHAPTER

1 | 裝潢前喬一喬

Part 1　裝潢前要知道的 5 件事！

Part 2　裝潢要找設計師還是統包？

Part 3　自行發包、修繕找對人了嗎？

Part 4　兩大方式幫你辨別裝潢蟑螂

Part 5　年前裝潢大塞車，裝修工期怎麼抓？

Part 6　室內裝修屋主最怕遇到的 4 種超雷設計師

Part 7　設計師最怕遇到的 8 種客戶，你上榜了嗎？

圖片提供／Freepik

裝潢前要知道的 5 件事！

1

對於很多人來說，裝潢就跟買房子一樣是一件大事，可是很多人第一次裝潢什麼都不懂，他怕找到不好的設計公司或是施工廠商，更怕找到之後被當肥羊宰。因為裝修這行水真的太深了，最慘的是你花了一筆不少的裝潢費，可是連自己用了什麼材料，什麼等級都不知道。這裡要跟大家分享裝潢前你一定要知道的 5 件事情，有了這些初步的概念後，就可以知道怎麼跟設計師做初步的溝通。

1. 裝潢的目的

首先要釐清，你這次裝潢的目的是什麼？有些屋主是準備要當結婚新房用，老舊的屋況勢必得重新整理，或者家中成員增加，所以目前的空間自然已經不符合現在的使用需求，房間的數量、收納量夠不夠 ... 等等這些問題都必須一併藉由裝修來改善現況，這時候空間的分配跟收納的增加就會是你的第一考量。或者是你想開店做生意，要幫店面做裝潢，一旦簽了租約下去，租金可是每天都在燃燒，再加上裝潢的成本兩頭燒，也難怪很多企業主總是對於工期異常的要求，都還沒開市有營收之前的心理壓力可想而知，萬一遇到裝潢蟑螂那就是另外一個故事了，這時候企業主應該要找到一個對於商業空間有相當的經驗，可以幫你規劃並建立品牌風格的設計公司才是上上策。

還有一種，就是你買了房子之後想要出租，這個時候你一定會想要把房子裝潢的乾淨漂亮，因為你要吸引到的是優質的房客，無論你想要做的多美多有特色，這種裝潢目的，我們要把握一個大前提就是 "好維修"。你想想看，如果這時候房客有一顆燈壞掉，他就跟你反應或者是你要請師傅來做更換，以目前的裝修市場氛圍來說，小工程其實很不容易請得到師傅，所以等個 2～3 禮拜是常有的事，而且小工程的單價跟計價方式都是比較高的，跟正常工程的單價絕對無法相提並論，這些都是一般人比較不會知道的細節。搞清楚裝潢的目的之後，就可以很明確的知道，這次裝潢最重要的目的是什麼，就像我們寫作文都會有一個主題，圍繞著這個核心的主題就可以去做一個詳細的規劃。

2. 預計要住多久

裝潢費用可以多可以少，完全取決於個人，沒有絕對的對錯，所以你要打算在這個房子住多久？可以先大概思考一下，這樣我們就可以計算出這個裝潢的成本效益，我提供給大家一個小公式：

$$\frac{裝潢預算}{預計要住幾年} = 裝潢年均成本$$

你住的時間越久，所得到的裝潢平均成本就越低！

但如果你不是要自住，而是租客或房東的話，計算方式就會有所不同。

< 租客公式 >

裝潢費用 + 年租金 = 租屋成本

< 房東公式 >

年租金收入 - 裝潢費用 = 租金收入

你可能計畫再 5 年就要買房子，目前租的房子有想要裝潢的念頭，考慮到 5 年後會搬走了，這種時候我會建議你用 "輕裝修" 的方式去裝潢。所謂的輕裝修指的是沒有過多的裝修而以大量的軟件為空間主軸，因為裝潢做出的東西再高檔再漂亮，搬家時候也帶不走，就算你想留給下一任屋主，他也不見得會喜歡，所以當初所有花的費用，全部都會變成需要丟棄的垃圾，我個人覺得非常不環保。

其實有很多客戶第一次碰面都會聊到當初買房的心路歷程，很多都是考慮到房貸壓力不想負擔這麼大，所以暫時先買一個較小坪數的房子，這間 "起家厝" 未來打算先住 5 ～ 10 年，這時間不長也不短，所以裝潢預算一定要精準的控制，等他們第二次來找我規劃的時候已經換成三房了，都會笑著跟我說好險當初沒有花太兇。不過如果你是要住超過 10 年以上的房子，我就會建議你一次做到位，在設計時就要比之前兩種情況規劃的更詳細，格局配置的更彈性，選用的材料也要朝耐用好維護的方向走，這樣即便未來還會有變動的可能性，至少可以將傷害減到最低。如果居住時間少於五年，那就真的不要花錢了！現成家具買一買，把錢省下來。

3. 家庭成員與生活習慣

請設計師規劃設計裝修，專業的事情你不懂還説得過去，但是不能不懂自己，當你找到有經驗的設計公司在做初期規劃的時候，作為一個稱職的設計師則需要去深入了解未來入住成員的生活習慣。像我一開始都會藉由跟屋主聊天的過程中慢慢摸索，例如屋主有沒有下廚的習慣，頻率是多久一次？料理的習慣又是什麼？或是未來設定的沙發是 L 型還是一字型？你的床是 Queen Size 還是標準雙人 Size，有沒有什麼收藏或嗜好等等，諸如此類的問題。當一個設計師越了解你，就能規劃的越仔細。還有一件事情很重要，就是一起住的人，最好也要一起參與討論，我常常發現，討論圖面的時候如果只有一個人出現，之後客戶要調整修改的地方非常多，甚至多到大部分的區域需要重新規劃！其實這種例子發生的機率非常高！

也有洗碗是先生在負責，但是水槽的高度卻是抓適合太太的高度，假設先生的身高比太太還高，那每次在洗碗時就容易腰酸背痛，空間規劃雖然是設計師的強項，但居住使用還是屋主，所以一起討論的效果會是最棒的。

4. 喜歡的風格

風格是主觀的一種呈現，其實屋主喜歡什麼風格都可以，問題是常常屋主跟設計師的認知上有出入。我舉個例子好了，曾經有客戶說他喜歡北歐風，結果我請他提供照片確認，一看照片發現超過一半以上都是鄉村風的元素。

所以尋找自己喜歡的風格時，收集圖片是非常重要的一件事情，現在大家都習慣上網找資料，也可以參考像 Pinterest 或是設計家這類知名的設計平台，當然如果你有屬意的設計公司直接去官網看作品會更快速精準，不然其實找照片對於有選擇障礙的屋主來說也是增加痛苦而已。找出喜歡的風格照片後，你一定要記錄下你喜歡的地方或是特色，把範圍縮小會更有效率，對於設計方來說也會更能理解。

5. 金額分配

裝修預算是最現實的問題，如果真的不小心爆了預算，裝修金額不可能一直加上去，錢勢必要花在刀口上，在各種裝潢項目列出來的時候，你一定要區分成三大類。

第一類、絕對要做，不做你會後悔的

以中古屋翻修來說就是基礎工程了，例如現有屋況有漏水，總不能不抓漏吧，或者每次只要使用微波爐家裡就跳電，當然要藉由翻修的機會重新規劃開關箱的迴路配置，再來像衣櫃這種基本的收納，再怎麼刪減預算也不能不做，總不可能一回到房間，衣服都亂丟在床上，所以第一類基本上就是絕對要做！

第二類、喜歡但不一定要有的

很多女主人都夢想有中島的廚房，有時候考量到廚房的空間，太小真的不適合規劃中島，不過即便沒有中島煮飯做菜還是沒問題的。最常被提出的就是在主臥規劃出更衣間的位置，這也是很多女屋主的夢想之一，擁有一個獨立專屬更衣間，現實是主臥空間一量連走道都快不夠了，礙於動線及大小的問題，其實也只能退而求其次，擺放衣櫃也是可以收納衣物的。

第三類、可有可無沒做也沒差的

這邊指的是一些比較裝飾面的東西，像是間接照明、造型天花板、造型牆面或是一些特殊圓弧線條，如果真的預算有限，這些東西其實先不做也沒有關係。

以上這三種，可以先區分好，等到真的要調整預算的時候，建議從第三類先開始刪減，把家裝修成自己想要的樣子固然很重要，但有時候現實面還是要兼顧。

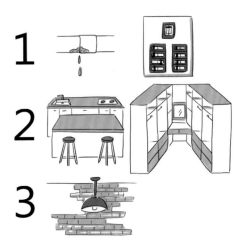

2

我常去一些裝修討論板上，觀察大家有那些常見的裝修困擾，結果發現其實大家對於找設計師還是找統包的概念很模糊，有人會覺得找設計師是不是就會比較貴，金額也容易被灌水，然後會被騙錢什麼的。萬一找統包的話會不會做出來工很粗，設計也沒有美感，我認為「恐懼來自於無知，是來自於對事物的不瞭解」。這句話並不是要貶低所有的屋主，但是如果你沒有辦法區分設計師跟統包有什麼不同，單純的只用價格的高低去做決定，這是一件非常危險的事。

假設你一開始就選擇了工程報價最低的裝潢業者，你只會很開心的覺得省下好多費用，真的是太棒了，但這個總價的背後可能是偷工減料，可能是用錯誤的工法，更有可能是一開始就刻意漏報了很多項目，等到工程開始進行，慢慢的再追加一堆費用，這是裝修這行最根深蒂固的陋習，裝修翻車現場有句經典名言：頭都洗了能怎麼辦，只能硬著頭皮洗完。既然選報價低的風險很高，那選報價高的總可以了吧？！其實也不盡然，如果做了很多根本就用不到或是不好用的設計，那也是白花錢，所以不是要你一昧的去追求金額的高低，我教大家利用簡單的五點去判斷找設計師、統包、自行發包哪種方式更適合你。

1. 經驗：零裝潢經驗最好委託設計公司

如果你是第一次裝潢，可以選擇設計師或是統包，千萬不要自行發包，我知道很多人會自行發包完然後寫一篇洋洋灑灑的開箱文，你要曉得這些自行發包的屋主有時候並沒有把失敗的地方完全的寫出來。有種情況是他不會寫，有種是不願意寫，畢竟開箱文是想得到大家的認同，會本能性的避重就輕，有種是他根本不知道自己什麼地方是失敗的，畢竟是第一次自行發包裝修，能夠完成的滿足感就已經凌駕於一切了，眼中滿滿的都是感動，哪來的失敗可言。

在裝修的過程中，有非常多的材料需要去做選擇，例如室內櫃體要選擇木作櫃還是系統櫃，油漆要刷漆還是噴漆，浴室壁磚要從哪裡開始起磚，燈光的色溫要黃光還是自然光，這些選擇牽一髮動全身，隔行如隔山。如果你是第一次的裝潢小白，我衷心建議你，還是要尋求專業人士的協助，以免你的第一次裝修變成一場世紀大悲劇，這可不是去理髮，這次剪壞了下個月重新設計就好，下一次裝潢通常是好幾年後了。

圖片提供／ Freepik

2. 規模：超過 5 個工種建議尋求設計公司或統包

涉及的工種超過 5 種以上，我會分類在大規模，例如老屋翻修過程中可能會需要用到水電、泥作、鋁窗、木工、油漆 …. 等等，這個我認為就是大規模。需要的工種在 5 種以下的就是小規模，例如新成屋裝修，建設公司已經幫你把廚房跟浴室都已經做好了，只需要釘天花板、刷油漆、鋪木地板就可以入住的，這種我會分類在小規模。因為小規模裝潢所需要的工種比較少，複雜程度也還在一般人可以接受的範圍以內，這時候就可以考慮去尋找統包的協助或是自行來發包，如果是大規模的裝潢施工就會建議要尋求設計公司或統包來委託，因為工地至少會有五種以上不同的廠商進去施作，何時進場、材料何時叫貨，這時候有專業經驗的設計公司或統包，絕對可以憑藉自身經驗讓你節省時間也更有效率。

圖片提供／ Freepik

3. 想法：很有概念的業主也可以找統包

有沒有想法這件事非常重要，因為有些屋主會很明確知道自己想要的是什麼，例如說櫃子要多高或多深，浴室的磁磚風格，我也遇過有些屋主很厲害甚至還會自己做一份需求簡報，真是太用心了。但也有些屋主他只知道買了一間房子需要有專業人士來幫他規劃設計裝潢，在聊天的過程問他有沒有設定什麼樣的裝潢風格類型，得到的答案都是我不知道，我只知道我要裝潢。如果你是屬於比較有想法的人，可以找設計公司或者是統包來執行，但如果你是屬於另外一種懶得想或是腦子一片空白，那只剩下找設計公司這條路比較可行。設計師都會先對未來的生活需求及屋況充分了解之後，再跟你討論需要做哪些項目，例如家中東西很多，代表收納需求非常的大，與其做很多的收納櫃倒不如做一間完善的儲藏室，或是要把三房改成兩房那多出來的空間該如何善加怎麼利用才符合未來居住需求，類似這些問題，有經驗的設計公司都會給予你相當多的建議。

圖片提供／Freepik

4. 時間：無法現場監工建議找設計師

通常要進行裝潢至少需要三個月，半年以上的也大有人在，這個時候需要去評估自己有多少的時間跟心力來完成，工作較忙碌的屋主連討論的時間都已經很緊繃，根本無法去現場監工，根本的解決之道是找設計公司或統包來協助。設計公司在初期討論的時候，都會有既定的流程來引導要裝修的屋主，進入工程階段之前，也會繪製完整的平面、立面施工圖以及模擬 3D 圖更精準地確認，最後再提供預算書，針對工程內所有的施工進行報價，圖面越精準報價就會越準確，工期當然也會更有效率。

圖片提供／Freepik

5. 風格：統包偏重工程執行，設計公司提供完整服務

如果你是務實派的屋主，關於氛圍跟美感有自信可以自己掌握，就只是需要一個執行者，那找統包就可以解決了。如果想法天馬行空或是對於美感有相當的要求，那你就要找設計公司。統包比較專注在工程執行的部分，美感跟比例會依照屋主的決定來執行，而設計公司提供的就是一整套完整的服務，幫屋主量身打造的概念，讓家除了實用之外還能兼具個人獨特的風格。

對我而言，家裡的每個空間不是一張作品照片，也不是一張沙發、一座櫃體這麼簡單，而是在這個空間裡會有什麼樣的感受與心境。可以想像一下，一個寧靜的早晨，沖泡一杯熱咖啡，悠閒在書桌上享受的閱讀，或是結束了忙碌的一天，下班回到家裡，小孩開心的玩玩具，而你慵懶的在沙發上看著喜愛的影集，如果看著 3D 圖會讓你有這些想像，我想那就代表這是一個有溫度的設計。

無論你找設計公司、統包還是自行發包其實都可以做裝修，我真心認為沒有最好的，只有最適合你的，統包可以幫你顧及工程中的大小事，但你自己對於材料以及顏色的搭配，需要具有專業和獨特的美感。而設計公司全套的流程及規劃，將空間量身打造還能有設計師本身的美感加持，還能超省事，不過要享受什麼等級的服務，當然也要付出相對應的成本。

圖片提供／Freepik

27

3

很多人在買房子的時候，新建案的房價負擔較重轉而會考慮中古屋，但是中古屋在翻修時常會冒出很多意想不到的問題，這時候常常不知道要找什麼廠商來處理，小工程要找設計公司或統包可能也要等上個把月才有時間來處理，這時候只好上網 Google，亂槍打鳥找了廠商，趕緊把屋況問題交由他來施工。這樣的下場就是往往花了錢之後，不但問題沒有順利解決，接下來還得花更多的成本，來得到這個寶貴的經驗，這裡我整理出 7 個室內裝修常常出現的問題，用我自身經驗來幫助大家怎麼判斷，找到對的廠商對症下藥。

1. 保護工程

保護工程

木工
廠商   拆除
廠商

以保護工程來說，有 80% 以上我傾向請木工廠商施作，目前只要有成立管委會的社區大樓，對保護工程的標準都會要求，只要按照社區的裝修規範標準來施作，基本上都是可以過關。如果是舊公寓，這類型的保護工程範圍指的是屋內，例如在室內鋪設完地磚或是浴室鋪設完磁磚時，我都還會再做一層保護覆蓋在地面，預防新鋪設的磁磚產生髒汙或是毀損，有些拆除廠商也有施作保護工程的能力，只不過一般來說社區管委會要求的會比較嚴謹，像是電梯內的保護可能都有很多邊邊角角需要包覆起來，對於平常做慣高難度的木工廠商來說這些只是輕而易舉的小工程。

2. 廢棄物處理

廢棄物處理

環保局　｜　拆除廠商

其實環保局跟拆除廠商都可以，但是我認為要再去細分，進場拆除前可能現場會遺留一些大型的家具或是活動櫃子，這種廢棄物就不建議讓拆除廠商清運走，因為處理載運垃圾的費用其實很高，我更傾向把這些可以回收的家具或是櫃體通知當地的環保局，約定好運送的時間和可置放的地點，這樣既可以做環保還可以省下不少的費用。另外不能回收的部分，像是磁磚、木料、廚具等等，就全部交給拆除廠商清運走，這邊要提醒大家一點，拆除廠商一定要是合法的廠商，市場上有少數不肖廠商會用低於行情的價格來承包工程，到時候亂丟垃圾被稽查到，垃圾堆中找到屋主的資料，罰是罰屋主，到時花了清運的費用結果又收到罰單，那真的是得不償失。

3. 特殊塗料

特殊塗料該找油漆師傅嗎？

是　✔　｜　✘　不是

這題的答案可以說是也可以說不是。你要先確認負責的油漆廠商有沒有施作過該品牌的特殊漆，每個品牌的特殊漆在施作工序上都會有些許的不同，你找的油漆廠商也許會做特殊漆，可是並沒有施作過這個品牌漆料的經驗，那成果可能就會不如預期。我現在的做法都是請品牌商推薦配合的施作廠商，如果是專職施作，功力跟技術絕對可以把失敗的風險降到最低。

4. 漏水

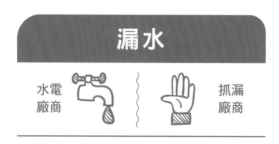

這一題有沒有困擾到大家呢？感覺兩個答案都可以，但我覺得漏水要先細分區域，像是窗框漏水、浴室漏水、天花板漏水或者是廚房漏水，如果是窗框跟天花板漏水，我會傾向找抓漏廠商，而在浴室還有廚房漏水的部分，可能是因為給排水管有裂或是沒接好，這個時候我傾向找水電廠商。當然還是要依現場的狀況來判斷，只是遇到漏水的狀況可以先有一個概念，因為窗框跟天花板上面絕大部分是沒有水管的，但是在廚房跟浴室這個地方是有水管的，所以會傾向請水電廠商來場勘抓漏。講到了漏水就順便分享防水，窗框或是天花板漏水如要施作防水我會找專門的防水廠商，因為有極大的機率是外牆或是頂樓的露台防水層出現問題，如果是浴室的防水我會找泥作廠商來施作，現在也有專門在施作浴室的防水廠商，只是在整個裝修過程裡面我不希望把工種拆的太複雜，有時候進場的施工廠商一多除了工期比較容易延宕，對每家廠商的責任劃分也會界定的不清楚。假設自家樓上還有住戶，但是浴室天花開始漏水，那極有可能是他家浴室防水已經失效，或是給排水管有裂縫，水才會透過樓板滲到你家，如果你是社區型的大樓，有管委會當然先找管委會去溝通協助，如果是舊公寓沒有成立管委會，可以先去找當地里長，這是屬於比較公道伯的角色，大家會面進行一個溝通跟協調，釐清責任歸屬後針對問題選擇對雙方的可以接受的方式解決。

5. 壁癌

有時候家裡並沒有明顯的漏水，屬於單純濕氣過重產生的壁癌，有人會找油漆師傅，我自己則會找泥作廠商來協助。自先判斷壁癌可能發生的原因是什麼，如果是因為雨水藉由外牆進入，那外牆的防水一定要重做，再把內牆壁癌處整個打到見底，重新水泥粉光再油漆，如果有預算可以在水泥粉光時加入專用防水材料再來上油漆，如果只是單純找油漆師傅把壁癌處刮除塗一些坊間所謂的壁癌塗料，這樣的施工效果都撐不久，所以一定要能判斷出漏水的原因及路徑對症下藥才能藥到病除。

有時候單純房子很久沒有人居住，就是純粹濕氣而已，有時候是窗框當初填縫不確實水從細縫進來，雖然都是壁癌，不同的地方跟高度就會有不同的解決方式與工法。例如浴室外牆有壁癌高度是離地 10 公分以內，那可能是浴室的地板防水或是浴缸底下早就積一攤水了，如果在牆面中間的高度後面剛好有面盆那就應該是給排水有問題，能夠先抓到漏水原因才是解決壁癌的根本之道。

6. 空調排水

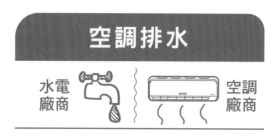

這個是剛入行最困擾我的一個問題，感覺找水電廠商或空調廠商都可以，只要錢給到位廠商都可以施作，但是為什麼我會特別困擾？因為我不認為那是費用的問題，是責任歸屬的問題，所以我會傾向讓空調廠商去做空調排水，讓整個責任歸屬在同一方。避免後續真的漏水了，空調廠商說水電廠商排水沒接好，水電廠商說空調廠商內機沒裝好，最後搞得大家都在互相推責，我認為把責任單一化，整個工程進行會比較順利，即便有問題需要解決也才知道是誰來負責。

跟大家分享一個蠻有趣的自身經驗，早期在做設計案的時候，請水電廠商做空調內機的排水，結果水電廠商說他不做，認為這個部分是空調廠商做的，我跟空調廠商反應了之後，他也說他不做，這是水電廠商應該做的，兩邊都不想做，變得我很為難，但是工程還是要進行，總不能叫我下去做吧！於是，我先試著跟空調廠商溝通對於這件事情的立場跟看法，最後廠商理解我的考量才順利解決。

7. 矽利康

又是一個看起來都是可以的選項，沒錯！這些施工廠商都具有施打矽利康的技能，但我心目中有一個美觀度的排名，第一是玻璃廠商，第二是油漆廠商，第三是水電廠商，第四是鋁窗廠商，以上排名來自我自己手上配合的廠商，如何得出名次我還是有相關依據的。來講講鋁窗廠商，因為鋁窗矽利康都是打在戶外居多，主要是截斷雨水進到室內的可能性，所以都會打好打滿寧可錯過不可放過的心態，這點無可厚非所以注重美觀度的比例自然下降。

再來是水電廠商，一般來說安裝面盆、馬桶與地壁交接處都要打一圈矽利康來收尾，範圍其實不大，因此比起前兩名的廠商熟練度上自然也差了一大截，這本來就不是水電師傅擅長的專業，甚至我還會請玻璃或是油漆廠商協助代打，以免驗收時被點出缺失，但是協助代打的廠商是會多收費的，這部分要提前確認清楚，免得雙方不愉快。再來第二名是油漆廠商，其實我覺得油漆師傅已經跟玻璃師傅美觀與熟練度上幾乎是差不多的，但是油漆施作畢竟還有多層的施工流程，但玻璃廠商就單純了，所有黏貼玻璃的四周以及背後都需要矽利康固定及收尾，所以長期累積下來的技巧是非常成熟的，現在還有一種職人什麼都不做就只是施打矽利康，任何奇形怪狀的地方他都有辦法完成施作，而且打得非常漂亮，但收費相對就會比較高，我想要表達的是，有些工作可能是廠商的第二或第三專長，我認為無論什麼工程就該找到最擅長的人來處理，才能發揮最大的效果。

兩大方式幫你辨別裝潢蟑螂

4

室內設計產業的水很深，並不是裝修過一兩次就能夠完全參透，每間房子都有不同的屋況需要去解決。對於一些已經規劃買房的人來說，下個階段當然就想開始裝修，不過高房價的買賣市場造就了很多裝修預算不足的屋主，想請設計師協助裝修時，常常達不到設計公司的最低接案預算，變相要請統包來協助。對於第一次買房的裝潢小白來說，最擔心的事情無非就是碰上裝潢蟑螂，這類踩雷的社會新聞可以說是層出不窮，許多人花了畢生積蓄買一間房子，最後卻發現自己找到的施作廠商拿到大部份的錢就跑掉了，也有邊施作邊追加到後面金額讓人整個頭皮發麻，或者是做出來的成品簡直慘不忍睹。

我來導正大家一個觀念，不要以為找統包好像很容易遇到裝潢蟑螂，設計公司就不會，其實不盡然，設計公司要踩雷的機率也是頗高。主要是設立一家公司其實難度很低，名片印一印大家都可以是專業設計師，統包廠商中也有優秀的就只差在不會畫圖而已，因此不能一竿子打翻一船人。的確裝潢蟑螂大家都害怕遇到，就連我已經執業經驗這麼久了也還是中招過，因為在這一行久了總會遇到一些比較「奇葩」的廠商，所以我以自身經驗跟大家分享如何避免遇到裝潢蟑螂的撇步。

裝潢前期

首先先將整個裝潢過程分做前期和後期，裝潢前期不管是設計公司、統包、或是單一工程，一定會需要找尋施作廠商，有些時候並不是有很多項目需要施作，也許只有單獨的浴室翻修或是廚具更新，不管工程多小，以下這些條件都適用。

1. 簽立合約

任何工程要進行之前一定要簽立合約！裝潢蟑螂大部份都不想要跟你簽一個很正式的合約，因為中間做一做就會跑掉了。還有一種是他功夫還不到家，可是他承攬了整個裝潢工程，結果做出來的成果七零八落，做是做完了，但是你住進去卻很痛苦，所以簽合約是一個最基本的要求。如果連個正式或比較像樣的合約都沒有的話，你一定要小心，不過單一工程可能就不太會有合約的產生，很多時候就只是報價單簽個名確認施作而已。

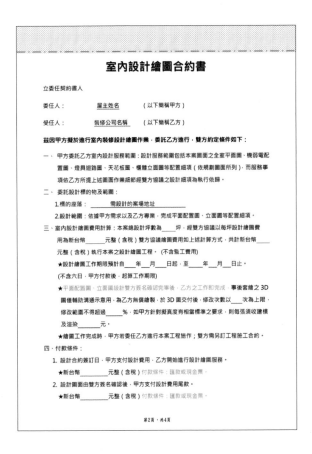

2. 報價單

簽合約之前一定要有一份精準且正式的報價單，很多報價單都是一頁、兩頁寫得很籠統，所謂的精準報價單，需要把施作的項目詳細列出來，例如施作工法、材料等級、品牌型號、數量尺寸，能盡量備註清楚是最好。我明白很多屋主其實不懂建材也看不懂工法，更何況寫了也不知道有沒有按照上面的施作，因為屋主大部份是沒有辦法去現場監工的，但我認為還是要請承包廠商寫上去，如果意願很明顯不高，那遇到裝潢蟑螂的機率就開始慢慢增加了。

三	泥作工程					
1	新砌1/2B磚牆隔間 TH10CM	坪	9.5		-	
2	新增牆面打底粉刷	坪	19.0		-	
3	原有牆面打底粉刷	坪	9.0		-	廚房、浴室
4	前陽台地坪防水	坪	1.1		-	彈泥防水
5	新增浴室地壁防水+轉角防裂網 H270cm	坪	7.0		-	彈泥防水
	（含24H防水試水測試）					
6	浴室地坪墊高	式	1.0			
7	新增浴室牆面貼磚工資(不含磁磚材料)	坪	7.0			30*60cm
8	新增浴室地面貼磚工資(含不含磁磚材料)	間	1.0		-	30*60cm、軟底貼法
9	新增玄關地坪貼磁磚工資(不含磁磚材料)	式	1.0		-	六角磚、調整器
10	新增玄關地坪打底粉光	式	1.0		-	
11	新增廚房地坪貼磁磚工資(含地坪底材、不含磁磚材料)	坪	2.0		-	30*60cm、調整器
12	新增廚房地坪打底粉光	式	1.0		-	建議施作
13	新增前陽台地坪貼磁磚工資(含地坪底材、不含磁磚材料)	式	1.0		-	25*70cm.軟底貼法
14	鋁窗嵌縫及窗邊修補（嵌縫材有加添防水劑）	M	45.0			
15	大門嵌縫及修補	樘	1.0			
16	新增浴室門檻大理石	支	1.0			L型、含安裝工資
17	全室牆面拆除處及水電配管管溝泥作修補	式	1.0		-	
18	磁磚及泥沙材料搬運費	式	1.0			

3. 了解付款方式

簽約前，合約內容一定要注意的是付款方式，單一工程金額較小所以這裡不適用。依現在設計公司來說，超過 50 萬元以上的工程應該都會分成四期收款，成數分別是 30% 訂金 → 30% 工程款→ 30% 工程款 → 10% 尾款，可是裝修蟑螂都有個不變的套路，就是他可能在一、二期就已經跟你收了七～八成的工程款，只做一點點就一直用盡各種理由跟你收後面的費用，付款方式建議可以設在工序的節點上，譬如說木工進場前三天收第二期款或油漆進場前三天收第三期款，以免付出大筆費用真的踩雷了，那心理壓力可想而知。

裝修付款四大階段			
第一期 開工進場	第二期 （木工進場前三天支付）	第三期 （油漆進場前三天支付）	第四期 驗收完畢
30% 訂金	30% 工程款	30% 工程款	10% 尾款

4. 搜索評價

有些人會去查一下施作廠商的網路評價，但是說真的現在很多評價都是可以操作的，所以評價確實可以當作一個參考值，但不能當做是唯一準則。以上這四點在簽約之前其實就可以從中觀察是否有一些端倪，如果上述四點配合意願都不高，那麼現在你遇到裝潢蟑螂的機率是 80%，一般用心經營的業者都會願意配合，因為他們不是擔心自己做不好，而是害怕遇到惡意拖欠款項的客戶，所以施作前這些細節重點，大家一定要多加注意。

施工過程

接下來進到施作中，我曾經踩雷的經驗就是在施工過程中發現的，當時因為已經進入工程階段，一定都會去工地現場巡視整體進度，結果發現施作廠商做的跟設計圖上呈現的有落差，因為我有去監工才發現這件事，反過來說屋主如果時間上沒辦法親自去工地監工，或者即便去了工地現場也看不出問題？這個部份我覺得是可以請施工廠商、統包或是設計公司提供下列資訊。

1. 週進度表

請承包廠商以『週』為單位來提供施工進度的照片，如果是提供每天的照片屋主可能只感覺到有在進行，看不出太大的差異，有些屋主過度緊張就會很頻繁的跑工地現場，但那其實會讓施作單位及師傅有一種莫名的壓力，提供照片我覺得是一種折衷的做法。

2. 環境觀察

魔鬼藏在細節裡，從工地環境就可以看出來，承包單位有沒有用心的維護工地現場，通常現場保持最大限度的乾淨，材料工具也堆放的很整齊，代表廠商有在用心維護施工環境。如果看到現場都是亂七八糟，裝潢廢棄物也亂丟，檯面上還堆滿了便當跟飲料，隨處可見菸蒂與檳榔渣，這時就要主動提醒施工廠商把現場的環境整理乾淨，常常有時候是施作廠商的工作不良習慣一時半刻還改不掉，只能盡量的去溝通協調。

喬治總監老實說

可能踩雷或是正在踩雷的屋主們怎麼辦？有時候預算就已經花下去了，好像只能自認倒楣硬做到結束，變相的每天都盯著施作廠商或是打電話關心進度，搞得自己心力交瘁，在這裡我強烈建議「長痛不如短痛」。以前我遇到不良廠商也想硬著頭皮做完，但是後來我發現越晚切割損失的只會更多，所以我的「寶貴」經驗證明該切就切，將傷害減到最低，雖然突然中止了工程進行一定會損失成本或是時間，但是不趕快做切割後面損失的只會更多，花更多的成本來收拾爛尾。

3. 隨時關切工地進度

很多不良工班做的七零八落就算了，有些進度做不到一半就跑掉，所有材料跟廢棄物都擱在現場，整個失聯也找不到人，偏偏你還超付裝潢費用給他，最後只好在外面一直租房子，導致成本也不斷在增加，買了房子沒辦法搬回去住，那種進退兩難的心情絕對是嚴重打擊，所以在裝潢過程中有時間最好去關心一下工地進度，沒時間的話就像我提到的可以請施作廠商提供進度表之外，也可以時常跟廠商有一個良性的互動。譬如說可以問一些建材維護的問題，讓廠商知道你有在關心，從他回答中就可以發現，這個廠商是否專業以及做法能不能讓你放心。

理論上施工期中後段我已經不太需要説明了，因為裝潢蟑螂一般撐不到這時候，大約有四成的不肖業者在初期就消失了，剩下的六成中有一半會在中期跑掉，能撐到最後就是做的七零八落的這種，遇到這種也是很麻煩，因為工程的成果都是到最後才有辦法去檢視，所以看到的時候已經來不及了，真的遇到可以請有公信力的第三方公正單位來做一個溝通協商。最後，我還是要説，所有的工程都是每個工種職人去完成的，所以不可能像機械完成的那麼完美無瑕，工程細節上發生雙方認定不同的瑕疵在所難免，如何在最大都可接受的限度裡去做改善，才是我覺得最重要的解決態度，如果屋主吹毛求疵的要求完美，對驗收沒有實質幫助，通常會有一個客觀認定的基本標準值，依照標準去看裝潢這件事，才不會搞到還沒入住就一肚子氣。

喬治總監這樣做

如果要跟新廠商合作，在配合的初期我會比較頻繁的去現場巡視，直到配合 5 場以上有一定的默契，才會將規模比較大的案場交由這個施作廠商，設計公司比較有條件這樣測試廠商，一般屋主大多都是問周遭親朋好友或是 Google 查詢，這些方法也不能說不對，但是都不能保證一定不會踩雷，以上我說的那些方法，只要都符合的廠商是裝潢蟑螂的可能性絕對大幅降低，這種事只要遇到一次真的會讓人痛不欲生。

5

每次農曆年前三個月都是裝修產業的旺季，很多人都不清楚什麼時間點要開始找設計師，好不容易買了房接下來當然是要裝修，其實裝修的前置作業有很多步驟，像是新成屋交屋前也會有驗屋的流程、再來找設計師丈量規劃屋內配置。裝修前真的建議要按部就班來，每個人裝修的房屋類型其實都不同，有的是老屋翻修，所以工程開始前就要準備在外面租房子住到工程結束；有人買的是預售屋，可能要等個兩三年成屋蓋好後才能開始進行裝修的前置作業。來找我諮詢的屋主都問到一個關鍵性的問題，就是整個工期會需要做多久呢？這個部分我跟大家分享裝修一個家要準備多少時間，從找設計公司然後簽約還有施工，把整個流程一次說清楚。

裝修分設計期、施工期兩階段

首先把整個過程分成兩個階段，分別是設計期跟施工期，設計期包含找到合適的設計公司確認委託設計後再來繪製施工圖面及 3D 圖，討論過後修改圖面，再依照最終確認的圖面及選用的建材進行精準工程報價，這個階段稱為設計期。報價經過屋主確認即擬定工程合約，合約內會載明付款方式及完工時間，簽完就可以進入施工，從第一個工種進場到最後的工種退場之後，這段時間就是施工期。

尋找設計師、預約諮詢約 3 週時間

我問過很多屋主是怎麼尋找合適的設計公司，大部分都是就是先上網搜尋自己喜歡的風格照片，如果發現作品照跟屋主想要的風格接近，接著就會去看這間設計公司的評價，風評如果不錯就會當做口袋名單再去聯絡。設計公司接到屋主聯繫，可能就會邀請來公司做一次初步諮詢，內容會是你的裝修需求、風格喜好、裝潢預算等等，同時也會善用初次會議介紹公司的作業流程及收費方式，以上這個階段我建議抓三週左右的時間。因為可能你平時上班只有假日的時間才有辦法預約諮詢討論，另一種可能是自己有兩三間心儀的設計公司，需要都去了解過才有辦法做選擇，雖說不用急著下決定，可以多看多比較，但也不能拖太久因為口碑好的設計公司基本上也是挺忙的，甚至接案量都排到半年後了。

| 找設計師 | 找圖片 | 找文章 | 找產品 | 找影片 | 設計家TV | 人氣設計師 | 國際獲獎設計師 |

找設計師

公司地點	不拘	台北	新北	基隆	宜蘭	桃園	新竹	苗栗	台中	嘉義	台南	高雄	海外
接案區域	不拘	北部	中部	南部	東部	中國	海外						
擅長風格	不拘	北歐風	現代風	新古典	美式風	鄉村風	混搭風	奢華風	人文禪風	簡約風	工業風		
		新中式風	日式無印風	侘寂風									
接案坪數	不拘	20坪以下	21~50坪	51~100坪	101坪以上								
接案屋齡	不拘	預售屋	毛胚屋	新成屋(5年以下)	新古屋(10年以下)	中古屋(5~15年)	老屋(16~30年)						
		老屋(31~40年)	老屋(41~50年)	老屋(50年以上)									
接案屋齡	不拘	預售屋	毛胚屋	新成屋(5年以下)	新古屋(10年以下)	中古屋(5~15年)	老屋(16~30年)						
		老屋(31~40年)	老屋(41~50年)	老屋(50年以上)									

繪製設計圖面、溝通修改約 1 ～ 2 週時間

決定好設計公司也簽訂了設計合約，設計師就需要一點時間去繪製平、立面施工圖，以一間 20 坪 2 房 2 廳 1 衛的格局來說，整套圖面至少超過 20 張以上，在繪圖過程中需要與屋主雙向討論及確認的細節實在很多，以我的做法，會在初期就在通訊軟體上創立一個群組，邀屋主加入，這樣做會對所有的內容有所記錄，設計師畫完圖面，討論也修正完畢就可以依照完整圖面，去製作出工程預算書。通常工程報價一出來，客戶就會有不同的想法，有些會覺得超過預算了，自然需要調整材質跟做法往下修正，有些屋主則會希望在設備或材質等級上做提升，所以建議各位報價完一至兩週的時間才能真正確定。另外，提醒大家一件很重要的事情，真的想要節省前期的作業時間，就一定要把自己的生活需求還有細節告訴設計師，如果設計單位不清楚，導致一直修改到懷疑人生，反而會影響自己的入住時間。

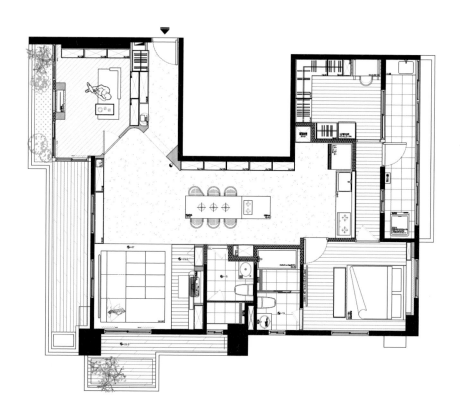

施工期平均約 3 ～ 5 個月時間

當設計期結束終於進到施工期了，至於裝修期要多久？完全取決於設計的細節有多少，如果真的要抓平均值，通常 20 ～ 30 坪的老屋翻新至少都要 3 ～ 5 個月。因為前面的基礎工程就要花掉不少時間，以前都建議抓三個月起跳，現在由於缺工的問題再加上如果裝修時間點恰巧是在旺季，那就需要抓 4 ～ 5 個月，新成屋以前是 2 ～ 3 個月，現在普遍面臨缺工，也是會多抓成 3 ～ 4 個月。整體施工進場的流程會分成拆除→清運→水電→空調→泥作→木作→油漆→系統櫃→廚具→木地板→玻璃→木地板→清潔→窗簾→家具。

以設計師的角度來說，也希望工期不要延宕太久，畢竟時間成本也是要考慮進去，但是一昧的加快施作，最後導致成品不如預期，傷害會更大，有些過程是需要等待的。例如客戶選到進口的磁磚或是衛浴設備及廚具，這些材料都要提早預定，進口的材料假設需要船運，光船期你可能就要等三個月，如果太晚決定就會發生在等待建材、現場無法施作的情況。另一種是施工時間的等待，像浴室的防水層施作也是好幾道工序，絕對不能急，做完還要試水，這些都需要時間。找設計公司配合的好處，在於工程合約內都會有預估的工程進度表，裡面計畫每項工種進場退場時間跟預計施作天數，有經驗的設計師會做好銜接安排，屋主就可以看時間表了解目前進度是否提早或延後，工程進行中總會發生不可控的狀況，及時調整跟提出解決方案，才會讓工程順利結束。

老屋、毛胚屋約半年以上、新成屋約 4 ～ 6 個月

最後總結重點，一開始的設計期再加上工程施工的時間，以老屋跟毛胚屋來說，至少要半年以上的時間，以新成屋來看，整體時間要 4 ～ 6 個月。工程期間如果是在旺季，就要再將時間拉長寬裕些，畢竟大家都想要年前住進美美的新家，但是會這麼想的絕對不只你一個，當你發現什麼都要等待的時候心情當然不美麗。至於什麼時間點要找設計公司？可以在交屋前的兩週先連絡心儀的設計公司，把諮詢跟丈量的時間先預約下來，後面時間就會比較充裕了。室內設計其實是一種客製化服務，裝修完住很長的時間，如果能給設計師與施作廠商充裕又合理的時間，品質上絕對可以獲得一定保障。

有時候跟屋主在聊天的過程中，常常都會聽他們訴說之前裝潢過程中不好的經驗，最後發現其實問題的癥結點就是找錯設計師，我將這些屋主的分享歸納出四種類型設計師，日後大家在抉擇的時候可以根據每個類型設計師的特點去觀察跟評估。

類型 1. 唯命是從型

簡單來說屋主提出什麼天馬行空的想法，設計師都完全服從，例如以下對話。

屋主：我想做中島。

設計師：OK！沒問題。

屋主：我想要一個儲藏室。

設計師：小事一件。

屋主：我想陽台外推增加室內空間。

設計師：包在我身上。

一開始全部照單全收，等到工程開始進行了，每個環節都出問題。這類設計師的心態大致上就是認為屋主出錢最大，好不好用那是你的事，反正照屋主說的做就是唯一的中心思想。另一種心態就是為了簽案，所以設計師必須服從，畢竟每位設計師也是要生存的，而且忠言逆耳，在沒有正式簽約之前多說多錯。這點其實說起來滿辛酸的，如果提出想法一直被打槍，大部分的屋主都會喜歡跟聽話的設計師簽約，我偏偏是很反骨的設計師，遇到好的想法，如果只是技術上有難度，我反而會去跟施作單位討論，如果是太不實際的想法，那我就實話實說，設計師的職業良心還是要有的。

還有一種會發生在較沒有實務經驗的設計師，因為設計經驗累積不夠，導致無法判斷屋主的想法能不能落實，所以無法提出改善的方案。以我剛才舉的例子為例，屋主想要有中島的規劃，實際空間卻不足，硬做中島後的空間動線絕對會被影響，但是設計經驗還不夠純熟的設計師，認為只要圖面放得下就認為沒問題了。另外，早期很流行陽台外推增加室內空間，很明顯就是違法的裝修，很多屋主都會舉樓上樓下鄰居的實例來替違法合理化，實務經驗不足的設計師很容易被說服。不過有很多屋主反倒認為這類設計師人真好都會幫我想辦法，我說什麼他都會幫我設計，另外一家設計師很差勁總是拒絕我。裝修這行有句老話"做到最後能收尾的才是真功夫"，所以答應很爽快的也不見得會有完美結局。

類型 2. 拖拖拉拉型

裝修這行很特別，施工廠商都不喜歡工期延宕，因為工程大多是總價承攬制，所以施工期比設定的長不僅會稀釋工程利潤，也會影響其他的工種銜接，等於是雙重傷害，所以做越久其實壞處越多。屋主如果找到的設計師屬於拖拖拉拉型，有非常大的機率是不OK 的設計師，舉例來說，本來一週的裝修進度結果才進行不到三成，雖然工程還是有在進行，可是進度從延遲到嚴重落後，完工日只好無限期延後，這樣會影響非常多層面。

首先，屋主可能會有在外的租屋成本，如果只是單純租金還好解決，萬一是租約的到期日比完工日先到，裝修中的房子還沒好，房東已經找好下一屆的租客了，總不可能去睡公園吧！有很高的機率變成要去住飯店，這突如其來的額外成本沒幾個人接受的了，而且找短租的房子又很難找。還有一種是換屋的壓力，有種狀況是買了新房子準備裝修，舊房子也順利賣掉，偏偏裝修完工日卻遙遙無期，後續可能還得跟買方商量延期交屋，所以工程一直延宕絕對沒有好處。一般來說拖拖拉拉型，極有可能是設計蟑螂，延到屋主受不了主動提出加快進度時，這個時候黑心設計師就會抓準屋主的心理，開始用各種話術追加費用。所以如果你發現設計師初期承諾的時間總是跳票，絕對要提高警覺，但是凡事總有例外，不得不說也有可能是屋主本身一直反覆修改才會導致裝修工期延長，很多社區管委會都會針對裝修案場收取每日清潔費，這些成本積少成多都是滿可觀的。

工地day10~day 30

裝修進度0

類型 3. 經驗不足型

這邊的經驗不足可以區分成三塊，分別是設計經驗，工程經驗，還有常被忽略的生活經驗。設計與工程從字面上就可以容易理解，我覺得生活經驗不足反而是很難察覺出來的，如果設計師配置家中的廚房規劃，但是這位設計者本身完全沒有下廚的經驗，有辦法設計出理想的廚房嗎？可能還是有，只是機率變得很小，最多按照常規設計、只求不犯錯，卻無法真正將空間規劃完善。我小時候常常搬家，累積很多不同的生活經驗，住北投的時候讓我了解空氣中硫磺會讓電器壽命縮短，所以很多設備都需要另外做防磺處理；我住過 12 坪的小宅，這的確對我往後的收納設計有很多靈感，也曾在 60 坪的透天厝住上一段時間，在空間規劃及場域劃分上都成為日後設計的養分之一。甚至我也住過潮濕的區域，因此在建材運用上會特別將抗潮的條件考慮進去，住過一樓也住過頂樓，也很清楚樓層的優缺點，幫業主規劃設計時，也會將過往的生活經驗當作很重要的參考值。

設計經驗關係到美不美觀，

工程經驗關係到耐不耐用，

生活經驗關係到好不好用，

這三種經驗最好都有相當程度的累積，如果其中有一兩個比例非常的高，另外一個相對特別不足時，就會產生不好用、不好看，或是不耐用的結果。

設計經驗⟷美觀

工程經驗⟷耐用

生活經驗⟷好用

類型 4. 無限追加型

第四種也是很多人害怕但也最常遇到的。設計裝修以前常常會被詬病,就是簽約金額跟完工金額絕對不會一樣,有很多屋主只能選擇概括承受,主要是因為裝潢的資訊其實早期很不透明,報價的模式跟材質的選用,對初次要裝修的屋主來說難度實在很高,或是找自己熟識的人來協助裝潢也都只用口頭約定,加上一張簡易報價單就開始進行工程了。後續大多會面臨到追加工程款項,幅度通常不會太少,整個追加過程就像溫水煮青蛙般地進行,當屋主發現比例過高的時候,心態開始慢慢崩裂,但是頭都洗了能不洗完嗎?這就是很多受害者的心聲,原本這些錢是要去買進口傢俱或是期望很久的新型電器,最後全部都落空,我想沒人會喜歡工程追加款的,以上四種類型的超雷設計師只要不幸遇過一次,絕對會讓人永生難忘。

設計師最怕遇到的 8 種客戶，你上榜了嗎？

7

有地雷設計師當然也會有奧客，設計裝修產業就像服務業，要拿捏每個屋主的喜好再透過設計體現出美學本就是一件不容易的事，所以即便是設計資歷資深的我也會有害怕遇到的客戶，以下我就分享 8 種經典類型。

1. 我全都要型

這類型的客戶一般集中在小坪數，空間較小所以極盡所能想要放大空間。玄關希望進門要有通透感，同時卻要把穿鞋椅、外出衣帽櫃、鐵件屏風、鞋櫃全部都規劃在這不到一坪的空間內，其實很難兩者都滿足。女主人較在意的廚房設計也是同樣道理，小宅的廚房坪數要讓冰箱與電器櫃要同時出現在同一個區域已經有難度了，如果再加上中島配置，可能會讓設計師陷入崩潰邊緣，最後再補上一句，希望是開放式廚房但是不要有油煙飄散的困擾，設計者聽到這句直接線上登出。有時候客戶會提出建商所配置的設計家配圖，質疑為什麼圖面上都放得進去，我卻一直針對他提出的需求面有難色，我必須說圖面放得下去跟實際生活是有差距的，空間小確實要透過良好設計發揮坪效，提出未來的居住需求只是第一步，透過經驗與尺寸的評估在有限的空間中做出取捨才是正解。

2. 慾望無窮型

每一位要進行裝修的屋主一定會有預算考量,在物價飛漲的年代大家賺錢其實都不容易,問題在於,希望設計師控制裝修預算的同時,建材及設備的挑選,往往都指定要高質感的裝修材料。我舉一些在實務經驗上最常發生的例子,每次帶客戶去挑選磁磚的時候,都習慣先從國產磁磚開始介紹,接著才是進口磁磚,然而沒有比較就沒有傷害,即便有告知進口磁磚價位上較高,還是有九成的客戶最後會捨棄國產去選擇進口磁磚。在設計階段,我習慣先幫客戶進行建材的初步篩選,再讓客戶從中去做挑選,大部分的客戶對於美感其實都有一定水準,所以材料怎麼選都是選成本比較高的進口品。另一個實例是室內門片,目前請木工師傅製作一扇門片到油漆噴塗完成,費用大約是 2 萬元起跳,如果作工繁複的甚至價位會來到 3 ～ 4 萬元,以預算考量為前提的話,另外還有現有規格品的門片可供選擇,每扇門片費用大約 1 萬元上下。既然是規格品,也意味著尺寸跟造型都是固定的,能選擇的較少能挑到滿意的更少,這兩類門片的製作價差就超過 1 萬,住家裝修中也不會只有一扇門,所以整體工程費用上就很有感。客戶絕大部分都想要透過設計裝修讓未來的居住品質獲得提升,但在預算捉襟見肘的情況下就必須在每個環節上克制慾望,把預算做合理的分配,避免預算大爆表。

3. 迫不及待型

很多屋主在設計初期、尚未進到工程時，都會想了解整體裝潢工期要多久，以下提供我的經驗給大家參考。普遍來說，30 坪以上的老屋跟毛胚屋至少 4 個月起跳，新成屋會少 1 個月左右，坪數大或小就上加或下減略微修正，以上工期判斷都是平均值，實際還是要以設計複雜程度跟屋況來評估才是正確做法。這類屋主會因為在外的租金壓力或是親朋好友過往的翻修經驗，希望工期能縮短在期望值內，老實說設計與工程單位沒有一方願意耽誤工期，工程大多是以總價承攬，所以做越久其實利潤越不好。室內裝修算是良心事業，寧願慢工出細活，也希望交付給屋主滿意的施作品質，不夠充裕的施工期，即便趕工出來，也一定會與客戶的期望有落差，比較理想的解套方式，是精準排出整體工程所需時間，請客戶配合，如果溝通後還是堅持己見，我就會婉轉拒絕此次設計案，避免後續延伸出更多爭議。

4. 事不關己型

這類客戶並不是真的沒有時間關心，而是心態上認為已經請了設計師就完全交由專人處理，某個程度上設計師的確需要客戶給予可發揮空間，但設計方也需要與客戶雙向討論很多細節，並不是毫不參與。費盡心思繪製出所有的施工圖面，細部的施工立面圖無法理解是很正常的事，所以我都還會畫出 3D 效果圖來輔助說明，身為使用者的客戶如果無法理解圖面所呈現的架構，任憑設計師自由發揮，獨自決定就真的是尊重專業嗎？絕大部份到了中後期成果逐步成形時，才開始提出修改的要求，這時候就產生所謂的修改成本跟時間成本，爭議跟糾紛就從這裡開始的。只要牽扯到費用，雙方就會有堅持的立場，設計方認為自己按圖施作，所以成本不該吸收，委託方會覺得當初圖面無法理解，所以這是設計方的疏失，各自表述下很難讓步，所以我還是要請各位敬愛的屋主們，既然有裝潢的規劃，還是要參與整個過程，初期不願意花時間，後期只會越來越難收尾。

5. 信任不足型

這類屋主通常非常依賴網路資訊跟非專業相關人士，設計師在設計階段配置出相關圖面後，開始鋪天蓋地的 Google 查詢，或是問周遭親朋好友的看法。其實網路資訊非常凌亂，適用於其他人的規劃，不見得會適合你，親朋好友提供意見的出發點固然很好，但是這類的分享往往來自於年代久遠的裝修經驗。在工程報價階段情況會更嚴重，只要上網查詢到比報價單低的單價，就開始質疑設計師牟取暴利，其實網路上的報價方式有高有低，這類屋主心中只會留存最低報價的記憶，高於報價單的選擇視而不見充耳不聞，這樣的成見一旦形成，整個裝修過程就會很不愉快。建議把委託的設計師視同這段裝修期最好的合作夥伴，當然這裡的前提，必須是經驗豐富的專業設計師，多溝通增加信任度是較好的做法，很多我合作過的客戶，最後都會變得像朋友一樣，還會主動幫我介紹客戶呢！

6. 懷舊修改型

其實也不是說在裝修的過程中不能修改調整，但是工程常常是牽一髮動全身，所以為了避免修改，在施工前會確認設計階段的施工立面圖及 3D 效果圖，所有工程中會使用到的建材與設備也要提前備妥及訂購，謹慎做的這些準備就是希望工程能順利進行。這類修改型的業主很靠感覺做決定，圖面簽名、建材確認、3D 討論、報價同意，每個環節都全程參與高度配合。但是，施工過程最後到現場，一看成品開始感覺不對勁了，線條比例、櫃體造型、使用方式、燈光色溫等等，只要與之前的生活習慣或空間場域有不同的都想要修改，其實就是還沒調適好接受新的空間居住模式，擔心無法適應而造成不便。其實我對這類型的客戶都會透過溝通給予信心，建議住了一段時間，如果真的不適應再去調整修正，目前透過這樣的處理，我倒是沒聽過屋主回頭來提出要我修改的要求，有時候讓子彈飛一會兒是有必要的。

7. 主觀過強型

不管在美感或是專業上面，簡單的說就是他說了算。我自己遇過幾次這類型的客戶，有的是投資客專門出租套房，過往有幾次裝潢的經驗，溝通的過程中顯露出濃厚的"大師"氣息，任何我提出的建議或配置都會被他幾次的裝潢經驗否決，時常會用過來人的心態教育我。其實過去兩三次的經驗並不足以自詡設計師，真正的設計產業一直都在與時俱進，有特殊的建材創新的工法，需要實務經驗跟時間去累積跟應用，當時我剛入行不到兩年，深怕得罪客戶只能選擇服從，最後裝修完成時，看見整體空間東拼西湊的美感，實在是不忍直視。由於客戶主導了一切，所以只能嘴硬說這就是他要的感覺，但是背後卻在抱怨早知道就不找設計師了，其實我還滿認同這邏輯的，如果想主導整個設計工程，其實真的不需要設計，不過既然決定要委託設計師了，何不放手選擇尊重專業，結果也許會更好不是嗎？

8. 重度健忘型

擺在最後的這類型根本就是大魔王，也是最讓我心力交瘁的一種。眾所皆知，設計階段的溝通越紮實，在工程進行的出錯率就會越低，所以與客戶開會的次數自然少不了，會議中需要討論跟確認的問題與細節多如牛毛，即便有會議紀錄也無法抵擋健忘型客戶的摧殘。曾經同意施作的答覆，因為時間累積而產生新的記憶，解套的方法必須得捨棄電聯溝通，因為電話中的內容會因為無法紀錄，產生各說各話的情況，於是採取用 LINE 的文字溝通，但是很多時候很難用文字去表述想討論的內容，所以演變成先電話聯絡、再使用文字打在 LINE 上做紀錄，說好聽是雙重確認，甚至會開始一度懷疑自己到底是設計師還是董事長秘書，實際付出的代價就是用平常雙倍以上的時間在溝通上。即便是這樣，請勿小看這類型客戶的威力，當發現客戶開始進入記憶混淆的跡象時，建議立刻調出文字記錄證明是經過客戶同意施作的，這樣的設計案在執行過程中注定免不了戰戰兢兢，結案後也會有腦細胞萎縮老化的真實感，這也是我最怕遇到的客戶，雖然有解法，但是只要同時遇到兩組以上，保證會每天開始懷疑人生！

CHAPTER

2 | 預算喬一喬

Part 1　老屋翻新貴桑桑！

新成屋裝潢比較便宜？

裝潢預算怎麼抓？裝潢費差在哪？

Part 2　自己監工真的能省錢？

裝修細節沒顧好，小心花更多

Part 3　裝修預算這樣抓！隱藏成本貴到超出想像

Part 4　設計師不會告訴你的裝修預算分配技巧

老屋翻新貴桑桑！新成屋裝潢比較便宜？裝潢預算怎麼抓？裝潢費差在哪？

1

進入裝修工程前還要面對最現實的預算問題，很多屋主在找設計師諮詢時，心中會設定此次的裝修預算，只不過金額數字常會導致四處碰壁，因為大多數的屋主對整體裝潢市場行情沒有那麼了解，怕設定的預算太高被當盤子，太低又會被設計師白眼，這個章節要跟大家分享裝修預算要怎麼設定，老屋跟新屋的裝修費用到底有何差別。

搞懂設計公司收費方式

設計公司收費方式通常包含丈量費、設計費、工程費、工程管理費這些項目，每家公司收費標準不太一樣，以設計費來說，建議大家不要用費用高低來做選擇的依據，正確的作法是實際去設計公司諮詢過後，了解設計圖面範圍再來做決定。

設計費：一般是以實際設計坪數去計算，少數會用權狀坪數去計算，假設房屋權狀是20坪，扣掉公設後實際設計坪數是13坪，按照設計坪數收費1坪5千元等於設計費6萬5千元，換成權狀坪數收費方式則變成20坪×5千元等於10萬，建議各位在諮詢階段就可以先問清楚。（下圖提供計算公式做參考）

權狀坪數：20坪	實際坪數：13坪
權狀坪數收費	（單價）（權狀坪數） 5千 × 20坪 = 10萬元
實際坪數收費	（單價）（實際坪數） 5千 × 13坪 = 6萬5千元

※ 重要：一定要問清楚收費方式，並且看清楚計價範圍

工程費：後續施工內容所涵蓋的費用，例如：基礎工程、裝飾工程等等，會根據每個施工現場及屋況而導致工程內容不同，工程費用也是異動最大的項目。

工程管理費：俗稱的監工費，主要職責是負責各工種的銜接及調度，裝修材料的品管及送達時間，確保施工單位按圖施工不耽誤進度，費用會收取總工程款的 5 ～ 10%，大多數屋主跟設計公司接洽後會急著追問整體工程費用，其實這無可厚非，買台筆電都要多方比價了更何況這金額動輒百萬，屋主的心態無非是想要在這個階段知道一個大概的數字以免預算透支。但是我必須說設計師不是通靈師，沒有辦法在初期諮詢後就給出一個很精確的金額，但是我們可以依照以往做過的案場比對風格、坪數、屋況較接近的實際裝修費用做為參考值，有滿多設計公司為了簽約成交，會承諾很多條件或是金額，簽約後就是另外一回事了，客戶會產生極大的落差感，最後成品出來的時候也跟預期的不一樣，裝潢糾紛都是這樣來的。

喬治總監老實說

屋主在前期準備階段會收集大量風格照，過程中總會找到跟自己家裡風格及坪數類似的照片，實際去詢問設計公司後發現怎麼坪數一樣裝修金額卻差了一截，有可能你找到的風格照本身是新屋，但你卻是格局須重整的老屋翻修，這時裝修金額就會天差地遠，為什麼新屋跟老屋在裝修成本上會相差那麼多，那是因為老屋在基礎工程上比重可能就佔了 3 ～ 4 成，所以不同的屋況條件即便坪數相同也有不同的裝修成本，先理解自己屋況類型才能預設未來的裝修成本。

新成屋，工程費用約落在每坪 8 ～ 12 萬元

新成屋指的就是屋齡 5 年以內，屋況良好，不需重新施作基礎工程的房子，就好比青少年時期，身體機能好因此不需要保養。我會建議新成屋的屋主把裝修費用分配在裝飾工程上，不含電器設備的工程費用大約落在每坪 8 ～ 12 萬元不等，這是個數據平均值並不是超出範圍就被當盤子，最終還是要看選用建材等級和施作內容，預售屋我也會歸類在新成屋，建商基本會附有廚具、衛浴、地磚，這些建材可在客變階段決定是否保留。

中古屋 & 老屋，工程費用約落在每坪 10 ～ 14 萬元

中古屋屋齡是介於 5 到 20 年的房子，好比中年這時候身體開始出現小毛病，透過裝修小至衛浴更新、重新粉刷，大至重整格局、水電更新，由於每間房子屋況及施工品質都不同所以單用屋齡去定義太過籠統，還是要透過設計規劃才能得出精確的成本，以平均值來說不含電器設備的工程費用大約會落在每坪 10 ～ 14 萬元不等。

老屋是指屋齡 20 年以上，全戶基礎工程更新，格局也須重新規劃的房子，像水電管路抽換、鋁窗更新、結構補強、地面傾斜、壁癌處理這類問題在老屋翻修時都已經是標配了，甚至有些房子年久失修還會衍生出白蟻、漏水等問題，基本一定要拆除原有裝潢才能看到隱藏的屋況瑕疵，所以老屋裝修費用會更高，不含電器設備的工程費用會落在每坪 12 ～ 18 萬元皆有可能。

毛胚屋，工程費用介於中古屋 & 老屋之間

毛胚屋比較特殊，交屋時就像是一間空屋，沒有隔間、沒有地磚、沒有浴室、沒有廚房，所以裝修預算會比較介於中古屋與老屋之間，新成屋跟老屋的裝修費用落差真的挺大，建議在買房子時就要把後續裝修費用一併考慮。

喬治總監老實說

新成屋的購屋成本雖然比較高，但後續裝修費用卻是相對低，在不動隔間的情況下，裝修工期也不像老屋翻修至少要好幾個月，如果是預售屋更可以在客變階段透過與設計師的討論提早規劃未來想打造的生活方式，不但更有效率還可以省下日後敲敲打打的時間。老屋購屋成本雖低，裝潢費用負擔相對比較大，畢竟裝潢大部分都是用現金交易，不像購屋還可以向銀行貸款，所以除了評估現金流之外，也要注意購入的老屋有沒有壁癌、漏水、白蟻這類屋況瑕疵，了解大致上的屋況裝修成本才不會導致後續在與設計師預算分配上捉襟見肘。

自己監工真的能省錢？裝修細節沒顧好，小心花更多

2

從空間規劃設計到完工入住，施工階段每個環節可以說是成敗的關鍵，而施作過程中的監工更是扮演了不可或缺的重要戲份，與各工種職人將施作圖面清楚的溝通討論，才不會導致設計跟完工之後的落差。然而監工也絕非只是到工地現場晃一晃，買些飲料給師父慰勞一下這麼簡單，工程中要注意的細節非常的繁複，沒有常年累積的專業能力，自己監工絕對是事倍功半！有些屋主會打算自己監工來省下監工費，過程中不僅花費大量時間待在工地，專業常識不足也會造成錯誤頻出，不但沒有省下成本，最後還會花更多時間跟金錢，這是常有的事。

監工的主要任務之一就是確保整個工程從頭至尾順利的進行，從初期的保護工程、控管進料時間、跟廠商討論圖面、確保後續工程的銜接，複雜程度非常高，除了自身需要一定的專業知識，還要花費大量的時間跟心力才能得到滿意的成果。凡事結果論，成敗看最後，完工時跟設計圖面完全不一樣就等於全部都在做白工，如果要自己監工我會建議先了解裝潢流程，一般來說會分成前期、中期、後期，每一個階段都有代表的意義以及該做什麼準備。

裝潢前期：工班進場開工之前的前置作業，前期必須準備好工程進度表以及完整施工設計圖，工地現場張貼明確的施工規範。

1. 工程進度表

可以掌握裝修的整體進度及工班進場先後順序，每一個現場在開始施工前都應該要有工程進度表。一般會用甘特圖來標示每個工班進場施作的時間線，遇到週末以及國定假日的時間也可以提前規劃，掌握整個裝修期長短，因為裝潢步驟很繁瑣，所以透過詳細的書面資料安排工程施作可以減少錯誤發生，施工中也常會有一些突發狀況，因此建議在工程進度表上保留一些彈性時間來應付各種突發情況，時間緊湊的趕工程絕對很難有好品質。

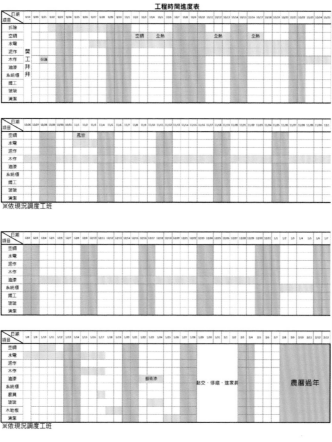

甘特圖可以標示每個工班進場的時間，
掌握工程進度。

2. 完整施工設計圖

讓所有的工班進場可以明確的按圖施作，跟師傅溝通時也有一個具體的尺寸圖面可以討論，才不會出現認知上的差異。現場監工最忌諱就是都用嘴巴講，很多裝修糾紛都來自於口說無憑，加上過程中調整修正在所難免，最好還是在圖面上標註調整範圍或是備註注意事項降低風險。

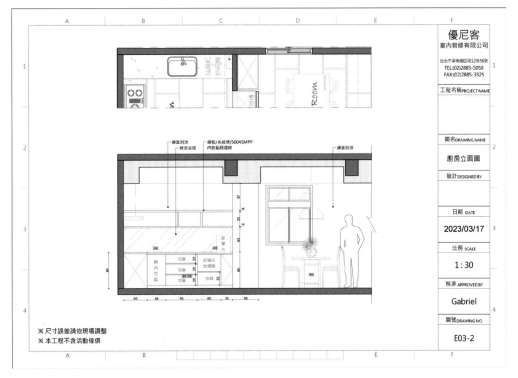

現場監工必須根據設計圖面和師傅溝通，所以也必須
理解圖面的尺寸與材質銜接的關係。

3. 明確施工規範

現在大多是集合式住宅,有裝修行為進行時難免會有聲響,一定會影響到鄰居的作息,在規定時間內施工避免晚上及周末時進行有聲工程,社區梯廳部分也隨時要保持乾淨避免爭議,萬一造成鄰居困擾被投訴,社區規範不僅會罰款甚至會要求停工,施工現場最好也嚴禁菸酒行為,將裝潢垃圾集中放置定點,良好施工環境也跟施工品質成正比關係。

裝潢中期:整個裝潢施工過程 (最初工班進場～最後工班退場)

進入這階段也真正開始進入施工,其中有幾個特定的時間點,我監工時一定會到現場。

1. 設備或材料送到的當天

一定要清點數量及確認設備型號是否正確,建材送達現場要開箱前也務必錄影,檢查在運送或搬運過程時造成毀損及瑕疵,這點非常重要,萬一等到師傅真要開始施作才發現材料或是設備有問題時,由於距離送達日有時間差,又沒開箱錄影證明,材料設備商不見得會買單,這時候怎麼辦?

第一、需要重新訂購,勢必會增加成本,而且材料或設備不見得是常規品,訂製品要花的時間更久。

第二、現場師傅因為材料不到位無法施作,安排好的工期就會延宕,師傅的案場一定也都安排好,如果調去別處施作,工期會整個大亂造成施作者困擾。

2. 每個工種進場施作第一天

要跟師傅現場確認過每一個圖面細節才開始施工,尤其是尺寸跟高度,避免做錯又要拆掉重來,會產生不必要的時間成本與修改成本。

3. 每個工種退場前的最後幾天

確認所有應施作項目有沒有遺漏掉,或是成品比例完工後需要調整的地方,所有的調整

修改盡量在施作工具還在現場的時候儘早提出，如果等到廠商都退場了才提出修正不但會讓師傅多跑一趟，也會增加修改成本。

以上三個時間是我一定會安排去現場視察，其餘工程內的時間就是彈性安排，太頻繁地去工地監工也是會莫名造成施作者心理壓力，所以我真心不建議每天去監工，在師傅眼中比較像是去監督。有時候該做的事情都做了，也不能保證就萬無一失！因為施工中會發生什麼突發狀況很難事先預知，裝潢中期雖然不用每天去監工，但是現場一旦發生狀況，就要及時過去處理，有到工地的日子最好隨手帶著捲尺跟手機，可以拍照做工程紀錄外，還可以確認現況是否吻合施工圖面尺寸，提前發現問題就可以跟現場師傅討論如何調整，裝修過程很多時候都是牽一髮動全身，確認沒有問題後再進入下一個施工環節。

（左）泥作進場第一天。
（右）材料送到的當天（磁磚）。

木作退場前的最後幾天。

裝潢後期：裝潢後的驗收、交屋以及後續的維修保固

完工時要先做一次全面驗收確認，設備類也都在入住後盡量去使用，很多設備安裝時都好好的，用沒多久才開始出現問題，我也滿習慣燈會長時間開啟，測試一下耐久度。以木作抽屜為例，師傅施作完成也會自行測試滑軌順暢度，初期測試都沒有問題，一旦屋主入住開始堆放東西，可能會因為物品重量的關係，導致滑軌順暢度受影響，只要是正常使用下而產生的裝修瑕疵，廠商都是會去做維修的。

什麼樣的人適合自己來監工呢？如果非工程專業要自己來監工先評估幾個問題。

1. 你有時間嗎？

本業工作很忙，根本抽不出時間到工地現場，那就不建議你自己監工，專業監工的工作內容其實比想像的更複雜，不只需要花費大量的心力來處理專業工程問題，更要具備與廠商溝通協調的能力，絕對不是買涼飲送到現場這麼簡單，就算一週可以撥出幾天去現場監工，遇到突發狀況時由於自身經驗不足就會自亂陣腳做出錯誤的決定。舉個例子：給水管通常是分佈在牆壁裡的管路，如果在拆除階段不小心把牆壁中的給水管鑿破了造成淹水，這時候卻接到工班的電話請你趕緊聯繫水電廠商來修復，萬一上班中無法處理只會造成更多的損失。

2. 你看得懂圖嗎？

圖可以請人畫，但是自己還是要有識圖能力，如果委託的施工廠商看不懂圖，你也看不懂圖，最終結果就是悲劇一場，所謂術業有專攻，與其花了大把時間來研究做功課到最後還是一知半解，我更建議請有監工經驗的專業人士來執行，更能有效率的減低裝潢風險減少追加成本。

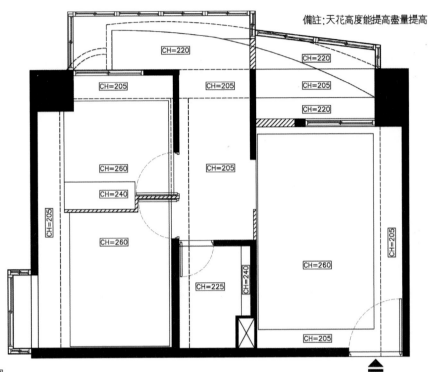

備註:天花高度能提高盡量提高

天花板圖

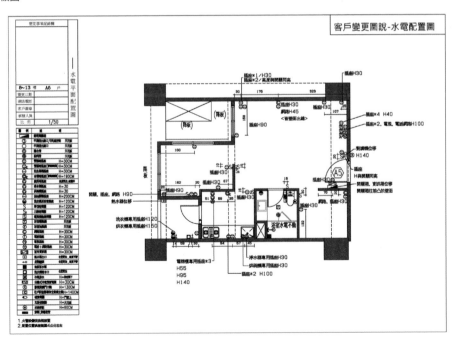

水電配置圖

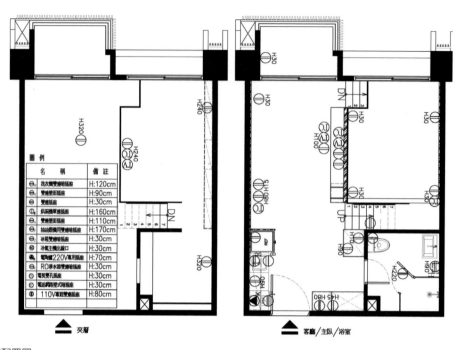

插座配置圖

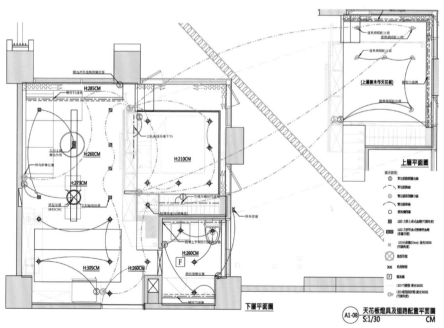

燈具線路配置圖

3. 裝潢的複雜程度

如果裝修標的物是中古屋或老屋，你也沒有豐富的工程經驗，真心不建議自己監工。中古屋跟老屋會牽扯到很多複雜的基礎工程，像是泥作、水電、防水，沒有經驗就會導致工種的進場順序安排錯誤，後果無法想像，自己監工的目的都是想要降低成本，最後會因為不專業的結果花更多的錢。我舉一個實務的例子，安裝天花嵌燈會是在天花油漆施作前還是油漆完工後呢？沒有工程經驗的人經常直覺反應安裝燈具應該是油漆完工後，這樣漆料就不會沾染到燈具，正解就是燈具安裝在油漆之後，但是這件事有個工程新手常會犯的錯誤，在安裝之前，燈具孔的位置需要先挖好，所以挖燈孔這個步驟必須在油漆正式噴塗前，天花板上還可以清楚判斷木工角料下的位置，這時挖孔不會去挖到角料，一旦破壞到角料天花板的支撐會不夠，時間久了天花板變形或是下垂都會發生。如果是新屋輕裝修，不會變更水區（浴室及廚房），也沒有基礎工程需要施作、進場施作的工種不超過三種，這樣程度倒是可以自己監工，目前工程監工收費大多落在總工程費的 5～10% 不等，想要省下這筆費用無形中就是要付出相當的心力跟時間，所以自行監工到底適不適合就請大家審慎評估這三點。

釘孔

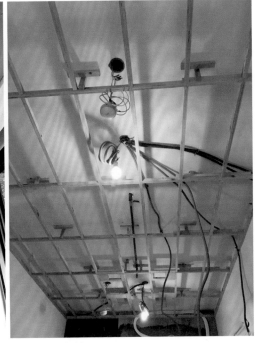

天花板木工角料

最後驗收方面分享一些我在實務上的經驗。

1. 花錢的不一定是老大

當你提出了修改需求,而師傅面有難色,其實可以先問原因是什麼,再來討論如何調整跟修正,常常現場師傅確實的按圖施作,卻因為成品的美感不如預期而需要修改,其實這時候態度就應該放軟一點,善意溝通下師傅都會願意配合;有時態度過於強硬,廠商也是會拒絕的,我一直都很重視與裝修職人長久的合作關係,當設計方與施作方都有著彼此尊重的立場,很多問題都能迎刃而解。

2. 工地現場不准使用廁所

這是一個很有爭議的規範,屋主如果是有潔癖,通常會不希望工班去使用自家廁所,我認為其實規範這條不是很恰當,一天正常施工8小時,每次想上廁所就要跑得老遠,心中難免會有怨言,這樣的心情如何能夠做好工程呢。解套方式就是可以準備一個臨時馬桶放在工地現場,提供廠商使用,我會跟現場師傅約法三章,務必要維持環境整潔,讓屋主可以放下心中那個大石頭,一昧的加註規範反而不會讓工程變順利,能有大家都能接受的配套措施才能讓裝潢工程圓滿結束。

工地現場建議可以準備臨時馬桶,
方便施工廠商使用。

3. 監工需要每天去嗎？

有些人會求好心切，每天去現場盯進度，就怕少去一天進度會嚴重落後，我自己監工並不會每天去現場，長期跟我配合的施工廠商都有一定的專業水準跟默契在，每天去盯反而會造成師傅心理上的壓力，會覺得對他不信任或是不尊重，最後得到反效果，有時候去現場也會買個飲料給師傅，主動幫忙打掃一下現場環境，這些都是可以跟施工廠商培養革命情感滿好的做法。

裝修預算這樣抓！隱藏成本貴到超出想像

3 裝修預算可以拆成兩個部分，一個是設計，另一個是工程。以設計費來說，屋況房屋類型對於設計費都會有所影響，例如老屋、新成屋或商業空間的計算方式其實不太一樣，建議屋主先將屋況需求跟設計公司做討論，看預算要花在哪裡。工程款則是裝修預算中佔比最高的支出，且也是最難預測的。

設計費：了解坪數計算方式

設計費在設計公司官網上應該都會載明，也可以直接打去詢問設計的收費模式，不同的屋況及房屋類型都對設計費用有所影響，所以除了告知生活需求細節也應將屋況類型讓設計師了解，才會得出正確的設計費用成本，大多數的設計公司都是以有設計的坪數計價，但也有極少部分會以房屋權狀坪數去計算，最好問清楚才不會還沒裝修就開始有爭議。以新成屋為例：建商都會附上全新的廚具跟浴室，建議還是先了解是否納入設計坪數範圍，裝修市場上有主打免費設計、免費丈量、免費估價的業者，這樣的行銷模式雖可以帶來客群，但最後能讓屋主滿意的設計卻總是少數，並不是說免費設計的就會有問題，我只是認為設計這行絕對是有價的，一個設計師的養成需要時間累積實務經驗以及專業知識，絕對不是一蹴可及，還需要付出時間跟精力跟客戶及施工單位溝通。有些年輕設計師剛出來創業，為了要積極增加作品吸引更多客戶，這時候免費設計的確會增加很多機會，除此之外，正常的情況，設計師都是會收設計費的，簽約內容也應該要仔細詳閱到底包含了什麼圖面，有些設計費每坪 NT.3000 元，最後拿到手上只有一張平面配置圖，有些設計費每坪 NT.6000 元，看似多了一倍，卻涵蓋了平面系統圖、立面系統圖及 3D 效果圖，加總起來不下 30 張，所以每坪 NT.3000 的設計費真的有便宜嗎？每坪 NT.6000 元的設計師可能花在圖面上的時間就是好幾倍，所以設計合約所繪製的圖面內容會比設計費高低來的更重要。

設計費

✓ 廚房、浴室未更動的話也納入設計範圍？

✓ 權狀坪數計算？

✓ 實際設計坪數計算？

✓ 提供的設計圖面有哪些？

工程費：老屋翻修建議多準備一筆預備金

設計完接下來是工程報價，工程合約中都還會有一項監工管理費，以現在的市場行情來說，管理費會落在總工程款的 5% ～ 10% 區間，至於收多還是收少，可能會跟屋況有最直接的關係，新成屋省去了大量的基礎工程，因此管理費相對來說有機會落在 5 ～ 8%，老屋翻修屋況瑕疵較嚴重，所以不可掌控的風險也高，工期不僅拉長要注意的細節也比新屋多，因此管理費通常都是 8% 起跳，建議在簽約前先確認清楚，對於整體裝修預算的配比會比較精準。

接著就是佔比最大的工程費用，雖說每個屋主心中都會設定此次的裝修金額，實務上卻很難達成目標，主要是在選材與設計規劃階段就注定了預算爆表的結果。因為裝修材料或是施作工法對於客戶來說並不熟悉，不過對於美感的要求上，客戶的眼光倒是有志一同，所以有很大機率會選到成本較高的進口品或是要求別出心裁的創新設計，這些都是造成無法確實控制預算的主因，目前設計公司的工程報價普遍不會包含軟件家具及住宅設備，家具的價格落差很大，同樣尺寸的國產沙發 10 萬元內選擇性可以很多，但是進

口沙發卻要可能要多上好幾倍才有機會買到。另外住宅設備，如：空調設備、全熱交換機、衛浴設備……等等也是同樣有很大的價差，設計師想要達到降低成本的效果大多會採取替換材質或是改變造型，但家具跟設備都是現成規格品，一旦選定了價錢也就固定，所以在自行設定裝修預算時，我建議先把軟件家具及住宅設備這部份保留的金額告知設計師，有經驗的設計師知道金額才有辦法拿捏此次裝修預算的分配比例。

以下我用屋況類型來分類，讓裝修小白在設定裝修預算時有個方向。

1. **預售屋**：裝修金額無法用現今的裝修行情作為參考值，就算你願意現在付訂金也無人願意承接，如果有工程單位請你先付訂金作為未來裝修價金保留，那遇到裝潢蟑螂的機率極大。

2. **新成屋**：如果輕裝修的裝修方式，每坪大約會落在 3 ～ 5 萬元區間，輕裝修的預算配比會著重在軟裝及家具的添購，也比較適合短期內有換屋需求的屋主，畢竟搬家時家具是帶得走的，如果要有設計感的裝修設計，金額每坪則會落在 8 ～ 12 萬元，這也是普遍能夠接受的新屋裝修金額行情，如果設計風格特殊或是建材都指定進口品牌，超過這區間的裝修費還是大有人在。

3. **中古屋**：新屋購入成本高所以很多人選擇入手中古屋，原始屋況可就真的無法比擬新屋，每當我到了老屋現場丈量就會發現漏水壁癌、鋼筋外露、磁磚彭共、地面傾斜可以說是司空見慣，越多需要解決的屋況瑕疵就會增加基礎工程的施作成本。目前老屋翻修每坪會落在 10 ～ 14 萬元，範圍區間明顯比新屋來的廣泛，老屋當然也可以採用輕裝修的方式，但是基礎工程還是省不了的，雖然購屋成本比起新屋省了一大筆，但是在裝修項目上建議還是一次做到位。而在老屋翻修時也建議另外準備一成的預備金來對應追加的機率發生，工程進行前會因為舊有裝潢封住而察覺不到，當拆除工程結束時我習慣去現場檢視原始屋況，如果有發現新的問題也會一併向客戶說明後續處理方式，當客戶感受到設計師的細心跟專業時，自然而然就可以接受合理的追加。

4. **毛胚屋**：這類產品大多出現在豪宅或是大坪數的格局，其實屋況視同中古屋，在現場連隔間牆都沒有的情況下，基礎工程也都是免不了，只是省去了拆除與清運及鋁窗工程，所以每坪大約落在 10 ～ 16 萬元。

預售屋	無法用現今的裝修行情作為參考值
新成屋	每坪 8 ～ 12 萬元
中古屋	每坪 10 ～ 14 萬元
老屋	每坪 12 ～ 18 萬元
毛胚屋	每坪 10 ～ 16 萬元

一定要知道的 3 大隱藏成本！

以上費用概算都是在初期評估裝修預算時可參考的方向，也可從選定的設計公司作品中直接詢問中意物件的坪數及最終裝修金額得出每坪單價，雖說每個房子的屋況都還是有所不同，不過得到的訊息也有一定的參考價值，講到這裡就是裝修費用的主體架構，另外要特別提到有幾個隱藏成本也是容易被忽略的。

1. 保護工程

現在的很多社區大樓對於保護工程的規定非常嚴謹，明確規範保護材料、施作高度、涉及範圍、自有的停車位及公共卸貨區有時也常被認定在需保護的區塊中，要符合規定下保護工程有時 3 ～ 4 萬元是跑不掉的，即便規範不明確我也建議要用高規格的標準來施作，不然到時候梯廳及公設在施工期間被毀損，賠償金額又何止幾萬塊可以解決。

社區大樓電梯一定要做好保護工程。

2. 室內裝修許可證

根據建築物室內裝修管理辦法中，除壁紙、壁布、窗簾、家具、活動隔屏、地氈等之黏貼及擺設外之下列行為：

一、固著於建築物構造體之天花板裝修。

二、內部牆面裝修。

三、高度超過地板面以上一點二公尺固定之隔屏或兼作櫥櫃使用之隔屏裝修。

四、分間牆變更。

符合三項的其中一項就要符合需要申請室內裝修許可證的條件，就 2024 年的申請費用來說，台北市大約 6 ～ 8 萬元，新北市大約 8 ～ 10 萬元，如果室內涉及到消防設置或結構變更，申請的費用會更高。每次聽到這筆費用大多數屋主就開始跳腳了，提出周遭鄰居裝修也沒申請的實例讓自身不想申請的想法得到認同，各位絕不要有僥倖的心態，裝修期一般都好幾個月的時間，這段時間對於周遭鄰居而言會是需要互相體恤，一旦施工過程中被檢舉了，不僅要暫時停工補申請，也會收到 6 萬元的罰單，而且打定不申請的客戶其實也都會對鄰居特別低姿態，遇到有心人士趁這個機會予取予求，不僅工期會因為這些干擾因素延長，付出的成本其實更高。

3. 清潔費

不管是新舊社區，只有要成立管委會的都會針對裝修客戶收取清潔費，費用從每天
100 元到每天 500 元我都有遇過，遇到例假日會不會計算在內也都是看社區規定，有
經驗的設計師會去詢問認定中止結算的判斷標準，以免衍生出更多不必要的成本，很
多屋主因為想節省清潔費而去催促設計師加快正常的施作工期，到時候工程品質因小
失大更加得不償失。

設計師不會告訴你的裝修預算分配技巧

4

上個章節提到預算結構，可能很多屋主才意識到原來要完成室內裝修真的不是件簡單的任務，如果在預算有限的情況下，還是有方法可以讓費用做有效的分配，接下來分享幾個實務上常用的技巧，不僅有感的降低裝修費用還可以維持空間的美感，很多客戶買完房後，資金已捉襟見肘，所以把錢花在刀口上創造出更大效益，我覺得才是為客戶著想的設計師。

天花板：輕鋼架、單顆吸頂燈可降預算

我劃分成天、地、壁這三個區塊來做説明，天指的是天花板施作這塊，當然不做費用就不會產生了，在 LOFT 風格規劃上保有原始樓板風貌是常用的技巧，但也就意味著管線會裸露在可見視線當中，位在 10 樓以上的高樓層格局也會有消防灑水裝置，燈具選擇上也大幅受限，這些前提如果都能接受，這樣降低預算才有意義。除此之外也可以換用輕鋼暗架的做法來降低成本，完成後跟一般常見的木作天花效果是一樣的，差別在於使用的結構骨料。木作天花使用角材，輕鋼架使用浸鍍鋅鋼材，不僅多了防蟲蛀的優勢，還沒有木製角材甲醛逸散的問題，缺點就是過於複雜的天花造型無法使用輕鋼架完成，所以大坪數的空間單純平釘天花板施作起來不僅速度快還可以省到不少費用。另外，天花燈具配置部分也可以用單顆吸頂燈來代替數量較多的嵌燈，建議選用智能色溫控制的型號來因應未來居住空間情境氛圍的轉換，這樣的作法在燈具及開關數量上都可以有效的降低規劃成本。

	優點	缺點	費用
不做天花板	省時省錢	高樓層會有消防灑水裝置、燈具選擇受限	0
木作天花	可單純平釘、也能做造型	木製角材甲醛疑慮	NT.4,000 元以上，造型越複雜費用越高
輕鋼暗架	防蟲蛀、無甲醛問題	沒辦法做複雜造型	每坪約 NT.3,000～4,000 元

輕鋼架天花板內部使用浸鍍鋅鋼材，可以防蟲蛀也沒有甲醛問題。

地板：塑膠地板性價比高

再來是屬於大面積的地板建材運用，主流材質最常使用的就是磁磚及木地板，如果現況的磁磚平整度狀況良好建議保留，即便後續要鋪設木地板都是可以直接鋪貼在磁磚上，但是如果有發現空心磁磚數量過多或是地坪有傾斜情形，務必要將現有不良狀況排除，後續木地板工程才不容易失敗。而一樣的地坪面積，鋪貼磁磚的費用會高於木地板，鋪設的面積越大，如果選到高單價建材，費用當然就會很可觀。除了以上兩種材質，如果要再往下調降，還可以選擇塑膠地板，一般人聽到塑膠地板就會有點反感，或是心中有種便宜沒好貨的念頭，以往這類建材都是用在商業空間，原因有幾個：樣式選擇多、施工快速、施工成本便宜到就算壞了也不心疼，這樣的性價比看在承租店面的企業主眼中是最佳選擇。不過現在塑膠地板日新月異不僅選擇更多，厚度也做了加強，雖說踩踏感上跟木地板還是有差別，但是只要不說其實很多人分辨不出來，無論選擇何種地坪材料都要注意地坪平整度，如果過於執著在控制預算展現不出材料特性那也毫無意義。

壁面：簡化材料最省錢

接著是運用在牆壁的壁材，這算是調整預算中最複雜的範圍，其中運用的材料種類最多，我用空間來分類介紹。

電視牆：小坪數可考慮用投影漆搭配超短焦投影機

這是每個裝修屋主最在意的區域之一，正常來說，待在客廳的時間僅次於睡眠，所以對於電視牆的設計呈現都會有相當的要求，過去貼大理石幾乎是標配，紋理質感的確沒話說，一面電視牆會因為大理石要對稱拼花需要買 2～4 片大板，這僅僅是材料費，後續還有石材加工費、運送費、安裝費、填縫美容，這些費用加總起來常會讓屋主倒抽一口氣。這裡分享幾個我常用的替換材質，像是薄板磁磚就是大理石很好的替代品，施作完成後視覺看起來跟石材幾乎一樣，但是本質上就是磁磚，所以很好清潔保養，加工難度也低，除了以上優點，最主要還是整體費用比起大理石減少很多，所以這幾年也成為設計師愛用的建材之一。如果屬於小宅格局，通常電視牆的面寬不會太長，就不太建議用薄板磁磚做主題，因為展示不出紋理的美感，可以考慮採用特殊塗料來代替，沒有接縫的特性更讓原本的電視牆呈現出延伸大器感，獨有的手作紋理感這幾年也成為很多屋主的最愛，費用相對薄板磁磚來說更親民。最後一招也是我建議小宅屋主很容易被採納的，最省錢的做法就是不要做電視牆設計，原始牆面用投影漆或是安裝投影布，再添購超短焦投影機就有一個 80 吋以上的震撼視覺效果，這類規劃需求有日漸增加的趨勢，畢竟大家已經習慣用手機收看影音，回家開電視的頻率越來越少了，而且成本考量來說超級省。

浴室：半腰牆面搭配防潮性塗料

浴室主要用使用的建材是磁磚，這也是我很喜歡的材料之一，花色不僅選擇多，還可以利用鋪貼方式創造出不同的視覺感受。浴室分成乾區、濕區（淋浴區），我的做法會將磁磚貼滿濕區部分，乾區貼到半腰高大約 120 ～ 130 公分就好，雖說是乾區還是要考慮到浴室整體空間屬於濕度高的地方，所以半腰以上的部分會用防潮性強的油漆施作，既可以省去貼磚＋磁磚的費用，還可以呈現出不同的設計感，這類設計手法常會出現在講究氛圍的商業空間，記得在磁磚與油漆面交界處要用專用的收邊條來修飾，不然露出的磁磚邊角不美觀還有機會割傷人。另外，還有一種塗料工法，免拆磁磚直接用專屬塗料多道施作，不過中古屋我就不建議了，這種工法的前提是，原有磁磚必須無空心無翹曲，且浴室內部防水層也必須完好無漏水疑慮才可施作，否則後續有問題要花更多費用來補救，通常中古屋的浴室很少會沒有問題的，所以還是建議打掉重作。

工作陽台：壁磚貼半高或用防水性塗料

後陽台常作為工作陽台使用，有極大的機率會用到水源，通常也是貼地磚跟壁磚居多，一般我也是建議屋主壁磚貼半高或是就不要貼了，因為地面會刷地或是較容易接觸到水氣所以要貼地磚，牆壁可以刷外牆型油漆或是防水性強的油漆，一般來說親朋好友不太會走到工作陽台的區域，因此美感不用太介意，自己能夠接受就好，後陽台牆面算是大面積的範圍，真的費用有限的情形下，先做取捨絕對會有幫助。

其他空間

臥室：門片噴漆就能煥然一新

衣櫃算是房間內最大的收納量體，建議還是搭配設計訂做比較適合，其餘像書桌、梳妝台、床頭櫃這些櫃體盡量用現成規格品來代替，不過尺寸上就要注意，既然是規格品，所以常挑到中意的樣式、卻不符合現場尺寸，屋主需要花些時間去搜尋跟確認，但是這樣的搭配法，對於降低裝修預算來說也是有成效的。另外，房間門片的製作成本也不低，全室門片數量加總起來費用變得很有感，尤其現在新建案裡的房間門以胡桃色為主流，所以在設計規劃階段都會收到屋主想換門片的需求，如果造型線條是符合設計風格只是單純想換色，不用花錢訂製，用噴漆更換門片顏色就直接煥然一新，這個省錢妙招也不單用在新建案，很多老屋翻修的實務經驗上，只要結構無損壞換色之後客戶的滿意度都很好。

門片噴漆前。

鋁窗：乾式施工法最省錢

在中古屋翻修的項目上，鋁窗基本上也是必做工程之一，但由於這幾年鋁料價格漲了好幾波，施工價格也常讓客戶大吃一驚。最主要是鋁窗工程看似容易，其實會牽扯到拆除、泥作、窗縫防水材添加還有鋁窗重新製作安裝，所以費用自然不低，如果要節省成本只要確認窗戶四周外牆沒有滲水情況，以及窗框四周並無漏水現象，就可以採用鋁窗乾式施工法，簡單的說，在窗框不拆除下再包覆一層新的鋁材上去，缺點是窗框厚度增加就變相等於可見範圍稍微變小一點，這種工法不用拆除沒有泥作，也不用填窗縫，施工費用上自然降低很多。

門片噴漆後。

廚具：門片更新創造新氛圍

中古屋翻修時如果廚具主體結構是完好的，可以將廚具門片全部更新，就可以用很少的成本創造新的廚房氛圍，原始檯面的人造石材質常因為長時間使用多少會有吃色的情況，也可以重新作檯面美容工程讓髒汙處恢復原本色澤。廚具三機部分也可單獨更換成新機型，一點也不影響下廚需求，整體這樣下來的費用可能只需花重新製作廚具的 1/3，但是如果要在櫃內新增給排水或是用電部分就有可能需要配合拆櫃，所以在省錢同時還是要檢視一下未來新增設備的需求再作決定。

門片更新前。

門片更新後。

玄關：質感地墊取代落塵區

一進到住家空間內很多屋主都會希望規劃出落塵區設計，不到一坪的落塵區可能會涉及拆除＋泥作＋貼磚工程，最後還要加上磁磚費用，費用自然不會太低，想要達到一樣的效果，可以直接放一塊有質感的地墊在入口處，也會有畫龍點睛的氛圍。

儲藏室：現成角架、層板式收納精簡費用

室內超過 25 坪以上我建議規劃出此機能
空間，對於許多重度收納者來説，這當然
是設計清單之一。預算足夠，內部就用櫃
體收納，也可以用層板式收納代替訂製櫃
體，費用會再往下降，我也很推薦購買現
成的角架做儲藏室收納，畢竟這個空間多
半收納大型或不常用物品，當東西堆滿的
時候其實櫃體外型已經不是那麼重要了，
我也沒看過有屋主會特地介紹儲藏室給親
朋好友欣賞的。

CHAPTER

3 | 設計喬一喬

Part 1　住家裝修不踩雷！10 個最常被忽略的插座

Part 2　一般迴路？專用迴路？

　　　　最容易搞混的 13 個迴路配置

Part 3　冷氣永遠吹不冷？

　　　　4 招讓你快速選出合適你的空調

Part 4　懶人專屬，不後悔的超實用設計

Part 5　潮濕發霉好噁心，盤點三大濕區，

　　　　裝潢一定要注意這 5 件事！

Part 6　裝修必讀攻略！選對天花板設計，

　　　　輕鬆逆轉現在既有格局

Part 7　系統櫃 vs 木作櫃該怎麼選？

　　　　教你 4 招懶人判斷法，優缺點一次看！

Part 8　做完超後悔！6 款超雷設計真的很 NG！

Part 9　強迫症勿看！裝修設計 8 個置中就 NG 的位置

Part 10　美觀又好清潔！7 個超實用玄關設計重點

Part 11　5 個設計大地雷，找出讓你不愛下廚的原因

Part 12　別把浴室做錯了！5 大重點教你設計超實用浴室

Part 13　浴室絕對不能出現的地雷設計！

　　　　想要居家安全就要避開「5 腐倒」

1

在討論設計裝修過程中往往都會著重風格呈現及動線規劃上，很容易忽略電力插座的重要性，生活日常中需要用到電力的設備真的多不勝數，這種生活細節一旦施工圖面中沒有去檢視未來的用電需求，爾後夢想中的空間完成卻四處充斥著延長線提供電源，真的會讓人揪心肝。另外，使用延長線不但有使用安全上的疑慮，對整體美觀更是大打折扣，也造成日後打掃的不便，這個章節就來分享 10 個很重要卻很常被遺忘的插座配置。

◆ 客廳區

1. 沙發兩側的後方位置建議各配置一組插座，方便未來接投影機或是使用空氣清淨機時可以使用，當然如果添購電動沙發時也需要有電源，即便目前沒有以上需求但是先預留著準沒錯。

2. 電視牆和電視櫃這區域的插座數量正常來說是最多的，很多視聽設備都會集中在這裡，還會有遊戲主機或是音響設備，以目前電視櫃設計來說，通常下緣高度會離地 20 公分，建議在這裡一定要預留一組插座，以往都是給掃地機器人使用，不過要提醒的是，現在新型掃地機器人都有濕拖的功能，本身的基座高度都已經到 40 ～ 50 公分了，以我的習慣還是會留插座以防萬一。

◆ 餐廳區

3. 在餐桌配置插座電源時，必須評估自身的用餐習慣，經常使用電磁爐設備或是愛吃火鍋的屋主，請務必要配一組『專用迴路』的電源插座。所謂的專用迴路就是在總開關箱的一組迴路線只連結給一組插座或一項電器使用，用一般的電源插座會很容易就跳電，雖然說燭光晚餐很浪漫，但是用電安全還是很重要。餐桌插座位置也要注意，如果是餐桌靠牆就建議不要用地面插座，每次使用時都還有一條線置放在桌上，萬一不小心腳勾到線造成上面滾燙的熱湯傾倒更危險。但在四周沒有牆的餐桌就極度建議在地面安裝一個插座，可以避免日後延長線的使用，住宅動線上的延長線往往都是絆倒的主因。

◆ 廚房區

4. 廚房區域是重度用電區，這裡的設備很多都是高功率輸出的電器，舉凡微波爐、烤箱、IH 爐、水波爐、氣炸鍋等等，所以在電器櫃內的電源配置上，規劃的大都是專用迴路居多可以防止電器同時使用而電力過載。

5. 在廚具防濺板的地方也可規劃一組插座，像果汁機、調理機這些設備放在流理檯這邊使用會比較方便，水槽下方的櫃體內非常建議要留一組插座，而且最好是專用迴路，日後要想裝廚下型飲水機或是要裝洗碗機才不會無電可用。

◆ 浴室區

6. 馬桶的右後方離地 25 公分高的地方要預留一組插座給免治馬桶座使用，即便沒有使用免治馬桶的習慣會建議安裝，因為浴室工程涉及到防水施作，未來想要新增電源進行破壞行為時，防水也會有機率被破壞失效，最好預留插座以防萬一。另外，浴室也是濕氣最重的區域，無論有沒有做乾溼分離我都習慣使用防水插座或是戶外型的插座面板。

7. 在洗手檯的兩側也要找適當的位置，配一組專用插座提供給吹風機或電動牙刷使用，我聽過很多屋主每次只要吹風機跟微波爐同時使用立刻就跳電的例子。

8. 還有一個很容易被忽略的就是鏡櫃，現在很多人選的都是智能鏡櫃，會有時間顯示、播放音樂、除霧、燈光…等效果，功能非常多元化，在沒有電源的情況下就是一面正常鏡子，功能再齊全也沒用，加上很多浴室空間是沒有窗戶的，在濕氣不易散去的情況下，電熱毛巾架幾乎成為標準配備，目前有外露式電源及隱藏式電源兩種形式，無論選擇哪一種都要提前在水電施工階段做好線路規劃，避免日後敲打。

◆ 臥室區

9. 大家普遍都知道床邊櫃要有插座方便使用外，但床尾的對面或斜角處，我也都會習慣預留插座給電風扇或是除濕機使用，如果臥室插座只配置在床邊櫃，到時電風扇或除濕機近距離使用下，睡眠品質也很不理想。

◆ 陽台區

10. 這裡的電源主要是讓熱水器跟洗衣機使用，現在也有很多屋主會添購烘衣機，其實我規劃後陽台時都會再多加一組插座，除了烘衣機的預留電源，也會規劃出無線吸塵器的基座充電位置，往往吸塵器為了配合充電，最後反而都會出現在一些尷尬的位置，後陽台其實就是一個很好的置放處。

10 個必備插座設計區域 Check list	
沙發兩側	☐
電視櫃	☐
餐桌區	☐
防濺板	☐
水槽下方	☐
馬桶後方	☐
洗手台區（含電熱毛巾桿）	☐
鏡櫃	☐
床尾斜角處	☐
陽台	☐

一般迴路？專用迴路？最容易搞混的 13 個迴路配置

2

配電之前，我們必須先了解迴路，迴路分為兩種：一般迴路與專用迴路。一般迴路是一組電線可以連接好幾個插座，專用迴路則是一個迴路只能供一個插座或一個電器使用，生活空間中需要用到高功率電器設備的地方一定要配置專用迴路，如果配置的是一般迴路，當承載電流量超出負載的時候，很容易就跳電。住家用電迴路配置可以主要區分為：插座迴路、照明迴路、空調專用迴路、電器櫃專用迴路、浴室迴路、廚房迴路等等，一條迴路盡量不超過 6 個插座，高功率電器的專用迴路不能超過一個插座，再依照不同空間將迴路去細分，最後再將迴路名稱標示在總開關箱內。

我到老屋場勘或丈量時一定會特別留意總開關箱，老屋最常看到的都是總電流不足、無熔絲開關配置太少、線徑不足或是電線老化問題。在設計的電力規劃上，我會針對用電安全將所有的電線全部更新以及電力配置重新規劃，但即便總電流加大、線路更新，但迴路配置不正確一樣會跳電，所以現在要跟大家分享 13 個容易搞混的迴路配置。

◆玄關區

玄關的空間如果足夠，我會設計出衣帽櫃的位置，這幾年由於疫情的關係，很多屋主回到家時也擔心把外面的病毒一併帶進家中，這個時候可以利用電子衣櫥來替代衣帽櫃。因為電子衣櫥具有蒸氣、烘乾、殺菌等功能，有很多廠牌都有生產鏡面的外型，還可以兼當外出穿衣鏡，建議要配置專用迴路，如果跟其他插座共用一條迴路很容易跳電。

電子衣櫥	☑

◆客廳區

多數屋主也都想配置的全熱交換機，雖然不屬於高功率電器，不過還是建議配置專用迴路，因為一旦跟別的插座一起共用迴路的時候，未來如果設備要檢修保養就先得將迴路關閉，這時會造成共用迴路的其餘插座無法使用的窘境。再來，因應台灣潮濕問題也很推薦裝設的吊隱式除濕機，也一定要使用獨立迴路，雖然用電量不像吹風機這麼多，但是啟動的瞬間電量比較大，可以的話盡量使用專用迴路，不然也可以跟抽油煙機接同一迴路。另外就是高階的音響電源，專業玩家級的屋主在安裝高階視聽設備時，多半都會要求音質是非常純淨、絕對不能有一絲干擾，所以我會配置音響電源的專用迴路，防止有機會與其他的插座共用，如果只是一般迴路，在聆聽音樂的同時，共用迴路上的插座有其他的電器使用，可能會突然出現一些雜訊，這對視聽專業戶來說，花重金選購設備，卻得到這樣的品質是絕對無法接受的。

全熱交換器	☑
吊隱式除濕機	☑
高階音響	☑

◆廚房區

廚房水槽下面有八成的客戶都需要加裝廚下型飲水機，一打開馬上就有可以飲用的熱水，舉凡瞬間加熱的設備也都一定要配置專用迴路。另外，還有越來越普及的 IH 爐，新型的 IH 爐輸出功率越做越高，主打的就是加熱速度快，除了基本標配專用迴路外，使用的電線線徑也要視產品規格要求配置，由於廚房設備類都是接近工程尾端才會陸續安裝，這時候發現不對要再重新拉線那真的是大工程。

廚下型飲水機	☑
IH 爐	☑

◆浴室區

在浴室使用吹風機的插座請務必要配置專用迴路，所有插座對應到的迴路也都要加裝漏電斷路器確保用電安全，而無論有沒有對外窗我都會建議屋主要加裝多功能暖風機，這台設備也需要設置專用迴路。基本功能中有烘乾或是暖房這類可以短時間快速升溫，都是屬於高功率輸出的電器，用一般迴路的話有非常大的機率會跳電，還有比較少人會想到的免治馬桶，使用時的溫水也都是瞬間加熱屬於高功率設備，因此整間浴室的迴路暗藏這麼多玄機，盡量不要跟其他空間共用。

吹風機	☑
多功能暖風機	☑
免治馬桶	☑

◆工作陽台區

目前 15 ～ 25 坪的室內空間為主流產品，工作陽台空間也不會太大，想充分利用空間的屋主通常會選擇洗烘脫一體的設備。家電設備大部分都是工程中後期才會開始選購，所

以這裡的迴路配置常常被遺忘，建議一開始就把想購買的家電清單告知設計師，等到後陽台的線路埋好、磁磚貼好，這時候要增加插座就只能用明線非常不美觀，因此只要有烘衣功能的一律建議設置專用迴路。

洗脫烘	☑
烘衣機	☑

◆書房 & 辦公區

這是我近幾年在實務上得到一個經驗，書房／辦公區空間通常會配置電腦，有些多功能房幾乎是屋主的臨時辦公室了，筆電、桌機或是印表機基本都要有，由於現在高階電腦比比皆是，要求設計電競房的屋主也不在少數，顯卡使用耗能都有可能超過一千瓦以上，所以我現在都會先了解未來的設備使用需求，來決定是否要配置專用迴路。

筆電／桌機／印表機	☑
顯卡耗能超過一千瓦	☑

喬治總監小叮嚀

雖然說專用迴路有絕對的安全性，不過也不是所有插座都要用專用迴路，先決條件還是要評估家中總開關箱的大小。如果配電箱無法容下這麼多無熔絲開關，在翻修裝潢的時候可以將總開關箱體加大，若總電流不足就要去台電申請電錶線加大來提高室內總電流，以上兩種情況比較會發生在老屋，目前新成屋常發生就是總電流足夠，但無熔絲開關迴路數不足。

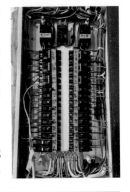

一般建商都會預留兩到三個空槽可以擴無熔絲開關數量，只不過現代電器真的太多了，所以在初期規劃時，電器設備清單還是要先行評估。

喬治總監教你如何計算安培數！

所有的電器一定都會有瓦數，單位名稱是 W，台灣絕大部分電器的電壓是 110V，假設電子鍋是 660W、660W/110V=6A、等於是需要 6 安培，以吹風機來説可能會落在 1,200 瓦～1,800 瓦（不同品牌瓦數不同）、1800W/110V=16A，所以一台吹風機正在使用的最大電流可能就是 10 幾安培，建議最大的負荷量不要超過 20 安培，像吹風機一啟用就 10 幾安培快接近 20 安培，就需要配置專用迴路、迴路配置邏輯就是以此類推，迴路一旦超過負荷就會自動跳掉。

P 功率（單位瓦特 W）= V 伏特（110V/220V）× I 電流（單位安培 A），所以 P (W)/ V = I (A)（歐姆定律： V=IR，P=VI）

V 電壓，伏特　　　　I 電流，安培　　　　R 電阻，歐姆　　　　P 功率，瓦特

3

空調安裝的注意事項遠比想像中要多，同時需要涉及到木作、水電以及空調設備這 3 種施工廠商，不過屋主最難抉擇的第一個問題就是到底要選擇壁掛式？還是吊隱式冷氣？這個章節就要針對這兩大主流的空調優缺點分析，教大家如何判斷自己的需求去做選擇。

一、美觀度

很多人會考慮吊隱式空調，原因不外乎是美感考量，安裝方式是將整台室內機和管路都隱藏在天花板中，視覺上看到的只有天花板的設計造型，不會影響整體的空間風格，只需要將出風口及迴風口透過天花設計的規劃結合。另外一種壁掛冷氣安裝方式則會看見整個室內機體，視覺上除了本身機體造型外，還有可能會跟設定好的風格有衝突而擺放的位置也會因為要滿足排水管路的條件，被迫安裝在很突兀的位置。但是吊隱式也並非無缺點，看不見室內機不代表消失了，當天花板完成時，因為要將機體隱藏而降下 45～50 公分的高度，完成後的室內高度建議要高於 240 公分，避免產生壓迫感，如果未施作前的屋內淨高不到 280 公分，就不適合安裝吊隱式空調，真的想裝又不願意降低天花高度，工業風其實蠻適合的，在不做天花板的情況下當然就不會有屋高過低的問題，不過機體本身、排水管、冷媒管線全部都一清二楚，這麼赤裸的風格也不是每個人都可以接受的。

相對來說，壁掛式冷氣也非直接安裝上去就可以了，機身最上緣距離天花板或是樓板要預留 8～10 公分的迴風距離，機體本身的高度概抓 28～30 公分，10 公分加上 30 公分，整體需要的高度也是 40 公分，不過跟吊隱式比起來最大優勢是不用全部天花板降低，只需要在要安裝的牆面上預留至少 40 公分才好安裝，另外迴風空間一定要留好，機身上方的感應器如果接受不到正確的室溫，對於冷房的運轉跟效能都會大打折扣。

（左）壁掛式冷氣至少要預留 40 公分的高度。
（右）想安裝吊隱式冷氣，建議室內高度淨高需超過 280 公分。

二、維修及保養

壁掛式的好處就是內機濾網其實可以自行拆下清洗，不用請空調廠商專門跑一趟做清洗的動作，機身內部的灰塵也可以用軟毛刷做清潔，濾網清洗的頻率則依照使用空調的頻率而定，大約每三年建議做一次室外機跟室內機的整體保養。

吊隱式冷氣就相對來得複雜，需要請專業廠商清洗及保養，由於設備本身是在天花板裡面，維修孔尺寸跟位置非常的重要，我看過很多維修孔尺寸都只有 30 公分 ×60 公分或是 40 公分 ×40 公分，這樣的尺寸我稱之為檢視孔，方便拿著手電筒查看，設備卻無法做大幅度維修或是保養，萬一遇到需要拆卸下來的情形就只能破壞天花板，後續的復原工程更是累人。真正符合維修孔定義是指可以把機器整台拆卸下來，建議開的尺寸是比吊隱室內機體尺寸前後左右再各加 15 公分會比較適合，不過吊隱式空調的清洗頻率較低，大約 2 ～ 3 年才需要清洗一次，因為被包覆在天花板裡面，灰塵也比較難進去。另外要提醒的是，各種廠牌機型的保養方法跟頻率都有些許的不同，建議遵照原廠的使用說明書，空調就跟汽車一樣，妥善的保養跟正確使用才能增加使用年限。

吊隱式冷氣的維修孔至少需要比機體尺寸的前後、左右再各加 15 公分。

三、冷房效果與範圍

壁掛式因為出風跟迴風都是定點的關係，均涼效果比較沒有那麼好，好比在辦公室時離出風口最近的人冷的要命，可是距離最遠的同事卻覺得很熱，所以遇上空間坪數較大時，壁掛式的冷房效果會因為距離遠近而有落差，容易造成空間會有冷熱不均衡的困境。吊隱式好處是能透過集風箱將出風跟迴風作多點配置，空間均涼效果比較好，整個空間的溫度可以迅速達到設定值，這就是為什麼在大坪數住家空間或是像社區型的接待大廳使用的都是吊隱式空調，能配置多個出風口的優勢，加上也非常好用在串聯空間領域上。舉例來說，如果公領域有連接著客廳、餐廳、廚房三個地方，這時候選擇吊隱式才是最好的選擇，安裝時也要找專業空調廠商，我曾經遇過屋主自行發包空調工程，原本以為屋主是有熟識的廠商，結果是在某大賣場的促銷活動中下訂設備，後來施工人員到現場一聽到是安裝吊隱式空調表明不會安裝，只好另約時間請有安裝經驗的人員前來。

如果還有裝吊隱除濕機以及全熱交換機的需求，對於設備管線和安裝位置也都要經過通盤的考量，並不是全部放天花板裡面眼不見為淨就好。以實務上的經驗來說，老舊公寓屋高普遍較低，機能性設備雖然可以讓生活更舒適，然而空間現況如果將設備填滿，勢必會讓最終的天花板高度降低很多，這樣的居住空間既不舒服甚至會有壓迫感。除此之外，設備維修孔要開在什麼位置、尺寸需要多大，這些都需要專業判斷，如果屬於自行發包裝修的屋主，選壁掛式空調裝潢出錯的機率會低一點。

開放串聯的公領域建議選擇吊隱式冷氣，均涼效果較佳。

喬治總監教你選空調的 4 個懶人判斷法！

判斷 1：坪數空間小於 20 坪或是輕裝修的屋主，建議選擇壁掛式空調，規劃安裝比較簡易之外，清洗濾網這樣基本保養還可以自己來。

判斷 2：超過 30 坪以上的坪數空間就選吊隱式空調，空間均涼的效果好之外，還可以藉由集風箱作多點出風配置，可以解決多個空間冷房需求。

判斷 3：屋內淨高不足建議選壁掛式空調，因為吊隱式空調需要 45 ～ 50 公分的高度隱藏機體，未來天花板高度勢必會降低，如果屋內淨高不足 280 公分會造成壓迫感其實不值得。

判斷 4：如果屋內高度足夠且在意美觀，選擇吊隱式空調可以融合空間風格較具美感，還可藉由天花造型滿足機能。

4

關於懶人的定義絕對不是指廢人，懶人就是不想要花太多精力也可以維持生活品質，除此之外，在空間中不適當的設計不只會浪費成本，更會成為懶人的人間煉獄。在這個章節中就是要告訴大家懶人必做的三個重點，還有裝潢時一定要避開的三個方向！

懶人必做 1. 門片式櫃體設計

開放式的櫃體很容易堆積灰塵，光整理跟擦拭也是懶人最頭痛的事，不做開放式櫃體，盡量設計有門片的櫃體是最主要的大方向，如果櫃體再配合底部懸浮式的設計，那就更加完美了。而且現在基本上都會添購掃地機器人，當櫃體全部懸空不落地時，只要一鍵按下去就可以安心出門，回到家就將地面打掃乾淨。櫃體內部的層板也建議多用活動層板，可以擺放相同高度的物品在同一層，收納系統不僅有規律，還可以活用更多的收納空間，就算物品雜亂很難整理，只要門片關上就能眼不見為淨，這就是懶人設計的最高境界。

懶人必做 2. 全屋智能系統

智能系統技術與運用已經越來越成熟，之前都是手機 APP 操作為主流，現在很多都搭配智能音箱來運作系統，連動手都不需要，用聲音就能控制，剛好符合懶人需求。智能居家涵蓋範圍其實很廣泛，有幾點我認為一定要規劃進去，第一個就是燈光設計，不僅可以調整燈光色溫，還可以設定情境模式，例如想看電影，只要一個指令，投影布幕自動緩降放下、室內燈光亮度逐漸調暗、窗簾也可自動關起，此時欣賞電影的氣氛十足到位。其次，如果設定上班模式，出門之後所有的燈光及不需使用的設備都會關閉，省去操心檢查的時間。第二個就是電動窗簾，特別適用邊間窗戶很多的屋型，還有大片落地窗的陽台，一鍵就可以控制窗簾的閉闔，真是懶人的一大福音。最後還有一項也要規劃進去就是大門智能電子鎖，早期主流是用藍牙、磁扣或指紋開門，現在已經有臉部辨識及指靜脈辨識的智能門鎖，雙手即便拿東西不方便，臉湊過去掃一下就開了，甚至待在房間時，有人按門鈴，只要透過手機 APP 就可以直接跟門外訪客對話或是開門，實在非常的便利。

懶人必做 3. 全屋除濕系統 + 新風設備

每個人家裡面都會有一兩台除濕機，只要除濕機的蓄水槽一滿就要去倒水，除濕效率很難持續，如果導入全屋除濕設備，不但可以省去倒水的時間，重點還不會佔用到室內空間。新風機最主要的功能是引進新鮮的空氣（外進氣），因此可以降低家中的二氧化碳濃度，引進空氣同時還能過濾掉多餘的有害物質，如常見的 PM2.5、粉塵等，即使不開窗也能隨時呼吸到乾淨新鮮的空氣，直接替代空氣清淨機的功效，懸吊式的機身也不佔用室內空間。

懶人迴避 1. 不適合的磁磚

有些浴室會選擇貼板岩磚，但很多板岩磚都會有些凹凸深淺面，造成水垢堆積、日後難以清理，另一種不適合的磁磚是馬賽克磚，馬賽克磁磚一般來說都呈現小顆粒狀，尺寸大約 2.5×2.5 公分～ 5×5 公分之間，完成後磚與磚縫隙很多，貼在浴室這類濕氣重的空間，不但堆積水垢而且容易發霉。另外，廚房防濺板的區塊也不適合貼尺寸小的磁磚，畢竟廚房多數會產生油煙，或是一些調味料有機會噴濺出來，磁磚間的縫隙一旦沾附上去就很難清理。

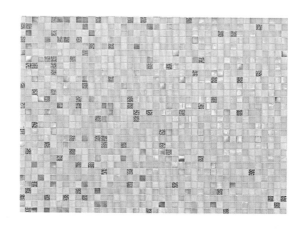

懶人迴避 2. 踢腳板設計

踢腳板造型有助於創造空間立體感，但是對於懶人居住生活來說變成積灰塵的死角，因為踢腳板具有厚度，也讓很多家具或櫃體也無法靠到牆底，這樣的縫隙反而讓日積月累的灰塵堆積在踢腳板上。我也遇過潮濕區域的實木踢腳板被白蟻啃蝕的蹤跡，也發生過蟑螂卵隱藏在踢腳板中，真的很懶得打掃家裡的人，踢腳板就別考慮了。

懶人迴避 3. 線板及格柵造型

線板除了增添室內風格之外，還能提升視覺層次豐富度，但是建議做天花板的線板即可，牆面的線板要做之前請先三思，越是繁複的造型，灰塵也越容易堆積。格柵造型設計也是一樣的道理，越多排列的格柵組合，清潔時可是要一條一條擦拭非常累人，我自己在設計規劃上其實都會呈現這些元素，並不是主張這些建材不好，如果本身希望生活空間打掃時越簡單越好，盡量採用全平面的設計方向，避免選擇會產生溝縫及凹凸面的建材，免得堆積灰塵更為困擾。

5

臺灣是海島型國家，北部屬副熱帶季風氣候，全年平均氣溫在 20℃ 以上，氣候特徵高溫、多雨，夏季還有颱風、西南風，冬天則是東北風。在迎風坡及內陸山區致雨，使得臺灣雨量豐沛、全年平均雨量可達 2,500 公釐，全年平均各地區，相對濕度高達 75% 以上，有些地區更是出了名濕氣高，居住環境一旦潮濕不但會讓櫃內衣物發霉，最嚴重還會危害健康，潮濕的環境加上溫暖的氣候根本就是黴菌的培養皿。相對濕度 70% 以上的環境最容易滋生黴菌及塵蟎這兩大過敏原，根據調查，臺灣每 5 人就有 1 人屬於過敏體質！濕疹、過敏性鼻炎、蕁麻疹、全身性過敏反應、長輩最常見的風濕性關節炎，潮濕的環境都會讓這些症狀惡化，同時也會影響到住家裝修，裝修材料會因為潮濕導致使用年限縮短，像牆壁因為濕氣高所產生的壁癌、櫃體內部因為潮濕而發霉，板材會變色甚至變形，也會引發很多蟲蟲危機等等，高濕度區域的老屋如果一段時間無人居住，現場都會有嚴重的壁癌或發霉情況發生，所以在裝修選材前一定要了解建材特性或設備機能，納入抗潮跟降濕的設計規劃。

1. 地板材質

木地板算是主流建材選項之一，實木在高溫高濕的環境下容易膨脹變形，如果家中屬於會反潮或在一樓地面濕氣較高的環境，最好不要鋪實木地板，抗潮性高的推薦會是海島型木地板跟 SPC 石塑地板。海島型木地板的表層由實木組成，底板則是夾板底材，雖說抗潮性很好、也不易有蟲卵寄生，不過表層的實木面也常因為生活中的各種行為造成明顯的刮痕，家裡有寵物或小孩的較不適合。另外還有一種 SPC 石塑地板可以選擇，組成方式是以碳酸鈣（礦石）複合 PVC 而成，具有抗水防潮特性，表面層也有做耐磨耐刮的處理，希望開放式廚房又擔心湯湯水水的人可以考慮。還有一種特殊情況是住家位於長期潮濕地區又剛好是一樓，我建議地板直接鋪貼磁磚，原因是一樓通風性不好，又是屬於濕氣最高的樓層，磁磚比較適合放在高度潮濕的地方。

2. 除濕設備

市面上的除濕系統分成兩大類，最常見的是落地型可移動式的除濕機，另外一種是懸掛固定於樓板的除濕機，落地型除濕機可以任意移動到各個空間做使用，缺點是集水位一滿就要去倒水，滿水不處理時設備也會停止運轉，等同於要隨時注意、實在很累人，除濕機本身也挺佔空間，在小空間的使用上還算有效果，但是空間只要一大就會影響到除濕效率，多個空間就要放置多台除濕機，如果家中屬於多空間以上需要除濕，就會比較適合全屋型吊隱式除濕機，不需要擔心倒水問題、有獨立的排水管路，相比落地型除濕機，水位一滿就會停止運轉，吊隱式更適合長時間的除濕，無論選擇哪種除濕類型，透過設備的輔助來調節家中濕度是最直接有效的。

3. 通風

空間要有進出口才能產生對流，最好的對流是斜對角方向，風才會有進有出，門一打開的斜對角就是窗戶，才是空氣對流效果好的設計，而傳統風水觀念認為能聚財的格局是只進不出，這種空間自然就很不通風，也就更容易潮濕了。開窗通風的時間點也很重要，臺灣梅雨季吹南風，因此南面充滿水氣，陰雨連綿時，建議面南方的窗戶可關上，初夏時中午至下午一、兩點溫度最高，濕氣也最重，須避免此時開窗。不過也不要因此都不開窗，在雨勢稍停時，建議可把握時機開窗，並搭配電扇加強空氣循環，適當的通風除了可以讓空間中的濕氣調節之外，也可以讓空氣品質獲得改善。

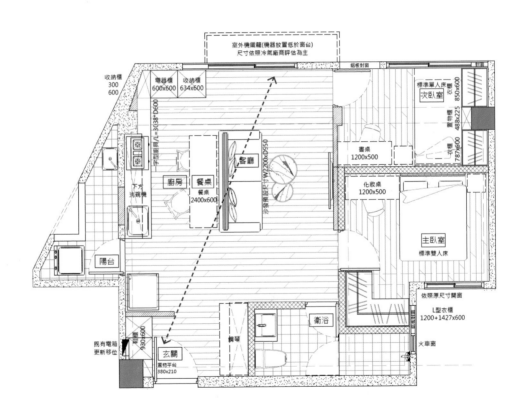

4. 珪藻土塗料

珪藻土的日常小物大家應該多少都有買過，像是浴室地墊跟杯墊等等，在室內裝修中珪藻土塗料也是我常會推薦給屋主的，天花板與牆面運用珪藻土塗料不但可以調節空氣中濕氣，還可以抑制黴菌滋生，針對濕度長時間較高的地區非常適用，但是像這樣的機能性塗料要真的感覺到有效果，有幾個前提要素一定要達到，第一點、塗料面積的範圍要夠大，大空間中如果只存在一小處，其實是不會有效果的，第二點、很多人會認為既然珪藻土這麼神奇，就施作在濕氣最重的浴室牆面，這是錯誤的觀念，如果是粉狀珪藻土的塗料用在浴室空間，碰到大量的水其實是會溶解，建議可以施作在浴室乾區離地 150公分高以上的位置，或是噴塗在天花板。第三點、珪藻土表面不平滑，不像油漆一樣是平面，會有一點立體的紋理感，所以一旦損傷其實不好修復，所以我也不建議做在高機率會碰撞的地方，第四點、珪藻土只是一個調節溼氣的材料，某種程度上並不是完全的除濕，在高度潮濕的環境上，我認為是一種輔助的建材、但不是主要首選。

5. 多功能暖風機

在規劃浴室配置時即便有對外窗，我還是會增加配置，多功能暖風機，早期很多只是裝一台排氣裝置效果其實很有限，現在新式暖風機增添了很多不同效能，像是換氣、熱風、涼風、空氣淨化、衣物烘乾……等，解決浴室常有的潮濕問題之外，其他功能也讓日常生活使用上更加便利。

喬治總監小叮嚀

濕氣其實也跟浴室洩水息息相關，洩水坡度比例不對或方向不對就會導致濕氣停留時間增加，浴室使用完畢積了一灘水，再強的抽風系統都沒有用，所以浴室的濕區不論是洩水坡度或是降板設計都要做的確實，浴室空間一直都是裝修過程中非常需要經驗跟細心的一個區塊，防水、給排水、洩水、通風只要都有做到位，後續使用上就絕不會有問題。

裝修必讀攻略！選對天花板設計，輕鬆逆轉格局

設計室內風格時除了規劃動線及整體收納空間外，天花板設計也是非常重要的一環，因為面積大，所以也是單項裝修費用位居高位的前幾名，一個好的天花設計除了能夠營造出整體的氛圍感，還能改善因橫樑所造成的壓迫感，以下分析出六種最常見的天花設計類型，以及各自的優缺點、適用風格。

類型 1. 不做天花

不做天花的確可以有感的降低裝修預算，但是設計風格上就會被侷限，因為不做天花，所有的管線都會呈現外露，工業風格就是不做天花板設計的經典代表，不施作天花並不是讓管線任意排列，反而因為外露更要有方向性的去規劃管線排列組合，此時燈具的選擇就變得更重要。

工業風燈具配置建議主燈可以用吸頂燈代替，再用軌道燈還有筒燈輔助搭配，燈具亮不亮不是看瓦數，而是看流明（Lm），流明也稱「光通量」，指光源在一個單位時間內發出可見光的總量，流明數越高燈具就越亮，選購燈具時若包裝上沒有流明標示，也可以看發光效率（Lm/W），用光效乘以瓦數就能算出流明數。吸頂燈作為主燈可以選擇流明數較高的規格，一般來說主燈位置都是空間的中心位置，所以四周圍及角落很容易有陰暗的感覺，軌道燈作為輔助好處就是可以在天花板四周走一圈軌道框線，想要加強照明時派上用場，還可以隨意調整角度，缺點就是管線及燈具都裸露在外，容易堆積灰塵，高度也讓清潔變得有難度。如果本身屬於愛好打掃的人，這種不施作天花的工業風格就非常不建議，因為每次要清潔的時候，如果每條燈線或每個燈具都要擦拭真的很累人。

類型 2. 平釘天花

屬於平整全封式的天花板設計，將所有的管線和設備通通隱藏在天花板裡面，雖說是全封但還是需要保留維修孔的位置，尤其是有安裝吊隱空調的話，維修孔一定要做，設備類的維修保養是早晚會需要的，維修孔沒有留就意味到時候需要拆天花板了。為了室內不想見橫樑常常會用天花板來修飾，評估是否要採用平釘天花做法，完成後高度的估算就很重要，從地面到天花板完成後的高度至少要 270 公分才不會覺得壓迫。最常出現平釘天花的設計風格就屬無印風、極簡風及北歐風莫屬，平釘的視覺效果比較簡潔，但有些人會覺得空間表情比較平沒有層次。空間感受這件事很主觀，有人喜歡就有人不愛，以天花裝修金額來說，平釘天花算是成本最低的施工方式，每坪施工單價連工帶料會落在每坪 NT.3,500～4,500 元，中間的價差就看用料是什麼等級的板材及現場的施工難度，有時候施作面積太少也會造成單價變高。

平釘天花。

類型 3. 間接天花

我區分成傳統式跟改良式，簡單判斷有長翅膀的就是傳統間接，早期客廳天花造型就常出現四邊都有長翅膀的，還有ㄇ字形跟對稱兩邊，甚至還有單邊一字形的，以上都可以統稱為間接天花。改良式間接就是利用線型鋁條燈直接嵌入側邊天花中，無論是傳統或改良式天花，經常應用的風格是現代風或美式風格，優點在於燈光照明的角度並不是直接投射，透過折射後的燈光有暈染感、較為柔和，也能創造出整體空間的層次感，空間的張力與表情會更豐富。不過傳統間接的缺點就是一圈翅膀形同溝槽，非常容易堆積灰塵，所以我後來都建議設計改良式的間接，同樣可以達到燈光的柔和效果，不含燈具費用的話，每坪施工單價連工帶料會落在 NT.4,200 元～ 5,500 元。

傳統式間接天花。

改良式間接天花。

類型 4. 流明天花

流明天花設計最常應用在廚房以及廊道等空間，呈現的光照度均勻而且柔和會讓視覺觀感上面非常的大氣，常會出現在奢華風格或是大坪數空間中，早期製作是用木作當主結構加上玻璃或壓克力、鋁框 + 玻璃或壓克力的一個結合，現在新式流明天花會採用 LED 燈珠加上光膜盡量輕量化，流明的施作面積都不小，結構支撐安全上更要注意，萬一掉下來真的會頭破血流，整體的作工需要非常的細心，如果接縫處沒有處理好就容易積灰塵，甚至會有一些趨光性的小蟲卡在裡面，每次開燈一堆蟲蟲屍體誰受得了，到時候就只能再花一筆錢請專業人士來處理，流明天花的施工單價會落在每坪 NT.5,000 ～ 10,000 元以上都有可能，這要看用什麼樣的異材質去做結合，還有的屋主喜好用藝術玻璃，材料單價也會比一般玻璃來的高。

流明天花。

類型 5. 曲線天花

曲線非常適合要做包樑設計又同時想要柔化空間時來使用，依目的性區分成兩類，一種是為了包覆樑體，也可淡化大樑的壓迫感，另外一種曲線天花適合屋高不夠又想創造出空間層次感，這兩者都可以讓整體空間的立體感比較豐富，缺點就是在包覆樑的時候，曲線造型雖然減低壓迫感，不過也會讓樑的量體面積比包覆前還要更大一些。

曲線天花。

類型 6. 明架天花

辦公事務所是明架天花最常用運用的空間，優點是可以變更燈具的位置，不需要破壞天花板，上面的石膏板只要移開就可以直接換成 T-BAR 燈源，具有彈性優勢。目前市場上的主流規格大部分都是 60×60 公分，燈具種類有新式平板 LED 燈以及傳統 T5 燈管，缺點就是天花板建材選擇樣式比較少，一般都採用豹紋石膏板或滿天星石膏板，不含燈具費用的話，每坪施工單價連工帶料會落在 NT.2,000 ～ 3,500 元，如果面積太少施作單價還會變高。

明架天花。

喬治總監小叮嚀

在那麼多可以選擇的天花設計中，規劃住宅空間時我會把公私領域區分出來，公領域的部分儘可能採用層次比較豐富的天花設計，而在私領域會採用比較簡約的造型，來做整體設計的規劃，這是我在設計上一個方向的邏輯，所有施工單價都是行情區間帶，實際費用會依照所選用的板材及現場的施工難度而有所調整。

系統櫃 vs 木作櫃怎麼選？教你 4 招懶人判斷法、優缺點一次看！

木作櫃跟系統櫃到底怎麼選？這是在各大裝潢討論板永遠都會有人問的問題，即便上網做了功課到真的要下決定時，還是會猶豫再三選不出來，我自己過往的實務經驗，較少情況會一個案場全用系統櫃或是全用木作，因為這些材料其實都各有特性，用在適合的地方才能發揮最大的效益。如果有預算考量的客戶，我在考慮櫃體設計時，會選擇用木工在公領域的部分作出較複雜的造型，私領域的部分則會選擇用系統櫃做收納機能櫃，一個設計師最大的價值就在於會運用過往設計及實務上的經驗，依據客戶需求歸納出最適合的答案。這章節就來分析木作櫃跟系統櫃的優缺點，也讓大家知道平常我是如何從這兩者中做選擇。

Q1. 木作一定會比較貴嗎？

在初期諮詢時，很多屋主都會開門見山希望櫃體都用系統櫃捨棄木工製作，我剛開始常不能理解為什麼對木作櫃這麼排斥，經過我後續詢問才發現原來在這些屋主的心中有一個根深蒂固的觀念，木作訂做櫃體成本一定比較高。在早期的裝修這行，木工師傅被大家稱作為裝潢師（台語），基本上住家裝潢只要看的到幾乎都是木作，當初系統櫃首次出現在市場上時，主打的就是大幅降低木作成本，還可以有效縮短工期，價格也真的是甜甜價，沒多久就打響知名度，不難想像被認定木作會比系統貴的既定印象，在以前的裝修市場的確也是事實。過去這幾年系統櫃廠商在品質與量身訂製的服務上也有大幅度提升，最終也反映在價格帶上面，如果你問我木作是不是一定比較貴，答案是不一定！如果選擇的是進口板材跟品牌五金，或者有提供更長保固年限的知名系統櫃品牌，裝潢報價可比木工櫃體要來得高出許多。

（上）木作櫃可以做出較為複雜的造型變化。（下）私領域建議選用系統櫃，滿足收納又能控制預算。

Q2. 櫃體的板材要怎麼選？

木作櫃板材用的是木芯板或實木板，系統櫃板材用的是塑合板跟密集板，這四種建材的特性不同，目前家具市場上有很多便宜的組合櫃，大部分都是密集板，木作櫃跟系統櫃使用的板材不同，所以製作出來的櫃體也有著不一樣的特性，材料本身沒有所謂的好與壞，一切都看怎麼選擇，只要在適合的地方就是對的材料。

1. 木芯板

木芯板分為三層，中間以實木條拼接成木板，上下兩層以垂直紋理的方向黏上薄木片壓製而成，可由板材結構來區分是否為木芯板。

優點 是撐力強、現場施工方便，重量輕、好搬運、價格便宜。也是木作櫃體最常使用的材料，不過表面需要貼皮油漆再修飾。

缺點 是使用較多的黏膠或添加物防止木材腐壞，容易有異味或甲醛的問題，抗彎曲能力也較低。

2. 實木板

實木板以完整天然原木製成，是將原木中裁切下來較小塊的木材，經過挑選、裁切、拼接、黏合後製成，就是所謂的實木板，實木板有著原木的紋理和特性，又比大面積的原木板容易取得，價格合理，穩固性也比原木好、不易變形龜裂。

優點 是可塑性高、化學汙染少、堅固耐用、紋理優美。

缺點 是價格高、穩定性低。

3. 塑合板

塑合板是使用細小木屑，添加膠合劑高溫壓製成型，塑合板的外層大多會加工一層薄薄的美耐皿。

優點 是防潮、耐壓、耐撞、低甲醛、環保建材、抗變強度佳、表面壓紋處理多樣。使用再生木材製作，是很流行的環保建材。

缺點 是特殊不規則造型較難以加工。

4. 密集板

俗稱甘蔗板，以木質纖維或植物纖維為原料，加上黏著劑製成的人造板材，是一種低密度的塑合板，四種板材當中是最成本最低的，但是耐重度也最差，碰到水就會膨脹變形。

優點 就是價格實惠、容易上漆加工、切割彈性大。

缺點 有不耐重、易變形、防潮性差、重量重。

密集板

木芯板

塑合板

Q3. 工法上有哪些不同之處？

除了材料特性有所區分之外，施作的工法及進場順序上也有很大差異，木作櫃是由木工師傅依照設計圖手工製作，先在現場組裝鋸木台，然後憑藉職人的雙手進一步的裁切、組裝、貼皮，製作完成。系統櫃是系統板廠商依照設計圖先計算出組裝所需的板料，接著在工廠裁切封邊加工，再把加工好的板料運送到現場做組裝。木作的優勢是可以配合現場狀況作尺寸上調整，但是現場施工的時間會比較長，個把月是常有的事，工序也比較多，勝敗關鍵都取決施作職人的功力如何，一樣的設計圖工藝好的師傅跟不好的師傅可以說是天差地遠。系統櫃優點在於施工時現場可以大量減少施工粉塵的增加，施工時間也比較短，一週內基本上就可以組裝完成，缺點是事先在工廠加工好的板料，現場無法做大幅度調整，變化性也比較小。

木作櫃流程

設計師繪製圖面＋系統櫃流程→木工師傅現場裁切、組裝、貼皮（約一個月～數個月不等）

系統櫃流程

設計師繪製圖面→工廠裁切板材→現場只做組裝（3～7天）

木作櫃 VS 系統櫃比較表

	木作櫃		系統櫃	
板材	木芯板	夾板	塑合板	密集板
板材製作	實木條拼貼	實木片貼合	碎木塊膠合	木粉膠合
優點	耐重、堅固	耐重、堅固	防潮、耐酸鹼	噴漆均勻
工法	木工師傅全手工製作		工廠製作、現場組裝	
價格	沒有一定價格，依照實際狀況有所變動			

喬治總監不藏私的懶人判斷法！

1、想要『方便快速』就選『系統櫃』

系統櫃施工時間短，拆裝也比較方便，如果要搬家，還可以請廠商將櫃子拆卸去新家做組裝，短期居住想要方便拆快速裝，那系統櫃會很適合。

2、在意『施工環境』就選『系統櫃』

系統櫃使用的塑合板或是密集板，大多都是低甲醛材料，工廠加工的時候就已經處理過，到了施工現場只需要組裝，不需要黏合也很少裁切，粉塵產生量也比木作櫃少。

3、需要『複雜造型』就選『木作櫃』

木作最大的優勢就是可以做出很多種複雜變化造型，像圓弧、曲線、雙向櫃都沒有難度，假如有畸零空間或是牆面傾斜，木作都能夠依照現場的狀況去做調整。

4、鍾愛『手作感』就選『木作櫃』

很多人不喜歡系統櫃安裝完成後有種方正呆板沒變化的感覺，喜歡線板變化又想有手作魂的人，首選一定就是木作櫃。

8

最常被大家點名超雷設計的有間接照明、開放式廚房等等，有許多設計其實是根據需求而做選擇的，你的蜜糖是我的毒藥，適合老王的不見得小陳就好用，我整理出 6 個看似夢幻卻很不實用的地雷設計。

地雷 1. 天花板收納

由於高度過高的關係，家裡必須備有梯子才能使用天花的收納空間，爬上爬下的其實麻煩又危險，而且不適合放重物，時間久了也會導致天花板凹陷，體積較大的物品要存放進去難度更高，天花內的空間照明也不足，要找東西時都需要拿手電筒輔助，其實久了就會形成廢棄物品置放區。如果擔心空間被浪費，直接乾脆不要做天花板，保留高度讓房子看起來比較挑高、寬敞，但相對的會有樑體及管線外露的情況，若是小坪數格局擔心收納量不足，與其做天花收納這樣不實用的收納，我更建議在其他區域做更完整的收納規劃。

地雷 2. 過高的向上收納

櫃身高度超過 150 公分以上統稱高櫃，櫃體最高的高度可以到 240 公分，因為板材的常規尺寸是 120×240 公分，如果延伸 240 公分以上的收納空間必須用疊櫃的作法，在後續拿取上也得使用到梯子，頂多增加 30 ～ 40 公分高度的收納。一方面，過高的高櫃因為需要另外一塊完整的板材去裁切製作，造價相對較高、金額常會讓人大吃一驚，堅持施作疊櫃來滿足收納，最後就是不好用又增加額外的成本。

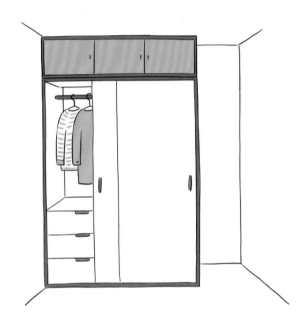

地雷 3. 櫃體不做到頂

上一點提到過高的向上收納很雷，這裡又說櫃體不做到頂很雷，或許看到這裡會覺得很矛盾，但兩者考量的方向是完全不一樣的。過高櫃體是實用性不高，而櫃體不做到頂則是因為頂層容易積灰塵，增加清潔上面的難度，如果頂部留空的部分不多，建議直接封板處理，成本低、效果也不錯，或者利用現有的樑體，將櫃體直接配置在橫樑的下方，也能防止櫃子頂部灰塵堆積的發生。小坪數空間的屋主通常會擔心如果都櫃體上方封板封到頂，是不是容易產生壓迫感，然而在小坪數設計中普遍要解決收納不足及空間放大的問題，這兩者雖看似有衝突，實則可以透過設計經驗來克服。例如考慮滿足收納量，櫃子勢必會增加，容易造成壓迫感，這時櫃體門片的色系可以盡量採用淺色系搭配，利用顏色來淡化，保有收納機能外又能放大整體空間。

地雷 4. 開放式衣櫃

所謂的開放式就是沒有門片的櫃體形式，常用在書櫃設計，衣櫃不建議使用開放形式，沒有整理衣櫃習慣的，等同於雜亂情形一目了然，少了門片的遮擋灰塵更容易跑進去。有些人會再加裝防塵布簾解決灰塵的問題，那還不如一開始就把門片做起來，開放式衣櫃只適合配置在獨立更衣間裡面，只要安裝進入更衣間裡的門片，灰塵自然減少入侵到內部櫃體的機會。

地雷 5. 屋內高度不足的夾層

樓中樓的屋型在過去流行過一段時間，挑高的空間規劃，大氣又充滿設計感，獨具一格的特色也受到很多人青睞。後來延伸出一種類似樓中樓的屋型，就是所謂的夾層，與樓中樓高度的差別，在於屋內淨高落在 3 米～ 4 米 2 之間，並不是真正的兩層樓高，在同樣坪數的空間中，夾層設計在坪效利用上的確加分不少，但相對犧牲了室內感受高度。住家天花板高度至少需要 260 公分以上才會舒適沒有壓迫感，以一間高度 4 米 2 的屋型為例，從規劃夾層設計的角度來看，首先樓板厚度要先扣掉 20 公分，420 公分 -20 公分 = 400 公分，中間的夾層厚度是 10 公分，400 公分 -10 公分 =390 公分，如果分上下樓層空間 390 公分 /2=195 公分，上、下高度分別是 195 公分，居住者身高不超過 180公分還可以完全站立，但多少會有壓迫感。所以原始屋高不足 4 米 2 的都不建議夾層設計，現有條件不適合即使換取了更多收納空間，犧牲的往往都是日後居住的舒適度。

地雷 6. 夢幻的高聳書牆

韓劇裡面常出現的挑高整面書牆，光看就有滿滿的文青氣息，就像把誠品搬回家裡一樣，也是因為偶像劇的場景塑造的太美，導致很多人對這樣的書牆充滿了夢幻的想像，這樣兩層樓或是一樓半的書牆，最上面的部分一樣會有拿取困難的情形，一定要搭配移動滑輪五金的爬梯才能正常使用，書牆大部分採用的也是開放式設計，清理灰塵真的會清到懷疑人生，一般住家空間也沒有高度條件做這麼夢幻的書牆，設計的目標是為了提升居住環境，所以實用度是絕對要考量其中的。

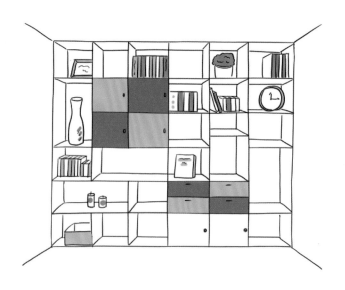

9 | 裝潢過程中，設計者為了滿足空間美感，常會有些置中或是對稱的設計，但有些地方如果採用置中的設計概念，反而會造成日後生活上的諸多不便，我歸納出 8 個不能置中的設計分享給大家。

NG1. 電視定位高度

電視牆面的寬度來說置中是沒有問題的，以電視牆的高度來看，離地起 100 公分才是適合電視中心位置的高度，這個高度依據是以坐在沙發上的視線水平再下降 10 到 15 度，才是最適合觀賞的角度，這樣眼球長時間看電視比較不會疲乏，如果電視中心高度定得太高，就會形成眼球一直往上看，時間拉長非常不舒服。

100cm

NG2. 電器櫃的插座

這裡的插座定位不能置中，一般我習慣是規劃在電器櫃內部左上角或右上角的位置，電線比較好抽拔之外，電器櫃的開放格幾乎都是用抽拉盤的設計，如果使用會產生蒸氣類的設備，可以抽出使用，避免蒸氣長時間產生造成櫃體吸水損壞，當插座位置置中時，抽盤拉出來使用完畢再推回去，設備電源線很容易就卡住了，因此我建議定位在右上或左上的位置。

NG3. 維修孔的位置

以餐廳為例，如果有擺放餐桌，上方都會有增加用餐氛圍的吊燈，所以在配置吊隱式空調時，盡量不要規劃在餐桌的上方，因為室內機在哪裡，維修孔就開在哪裡，如果維修孔下方很多障礙物，設備需要維修跟保養時，都要排除不利於作業的物品，造成維護的困難度。還有一個常出現維修孔的區域就是浴室，樓板吊頂水管會有存水灣，一定要留維修孔的位置，萬一樓上排水管塞住了，需要清理存水灣也不至於破壞天花板做維修。

NG4. 浴室排水口

浴室的排水口要往角落擺，這關係到洩水坡度的路徑，根據建築技術規則建築設備規定，洩水坡度包含 1/50 （大洩）與 1/100 （小洩）兩種標準，大洩（1/50）：長度每 50 公分高度需達 1 公分以上，小洩（1/100）：長度每 100 公分高度需達 1 公分以上，浴室的洩水坡度至少要 1/100，建議將落水頭位置規劃在地磚十字分割線上，確保在浴室地面最低點，才可以達到最佳洩水效果，如果為了美觀把落水頭規劃在中間位置，使用完後整間浴室洩水效果不佳，再好看也沒用。

NG5. 多功能暖風機

多功能暖風機是目前浴室改善通風不佳、排除潮濕的主流設備，很多人會直覺性的安裝在淋浴區上方置中的位置，長時間使用下來反而會造成機器受潮，正確位置應該是放置在乾區，出風口方向避開直吹到人的那一邊，即使是乾區也不建議置中，因為我會將置中的位置讓給燈具，這樣浴室天花板美觀兼具實用。

NG6. 雙開型鏡櫃

一般來説浴室鏡櫃中心線會對齊面盆的中心線，不過有一種情況例外，就是雙片門的鏡櫃，如果分割線是在正中間，每次照鏡子的時候，中間就有一條門片縫對著自己，其實不是很舒服，所以如果要選雙片門鏡櫃，建議選擇大小門片類型的，這樣就可以避開那條門縫。

NG7. 書桌上方的燈源

很多設計師或屋主在燈具安裝時，非常講究與天花板之間的對稱與置中關係，我當然也不例外，但是只有在書桌上方天花規劃燈具時，我會將燈具定位在閱讀者頭頂稍微往前的位置，因為閱讀的時候，假設燈源在頭頂上方置中位置，這樣的角度下，反而較容易造成陰影，建議再往前一點會比較適合。

NG8. 工作陽台的照明

這是我生活經驗上的發現，以往後陽台燈光多半是置中規劃，後來發現吊掛衣服的吊衣桿也都是置中的位置，每次只要曬衣服時，陽台燈一打開其實跟沒有開一樣，全部都被衣服遮住。後來規劃陽台燈光的時候，我盡量往中心線兩側去安裝燈具，無論安裝何種照明燈具，只要避開吊衣桿位置，就不會影響照明亮度。

10

玄關算是從室外進入室內的過渡區，同時是整個家的門面，也需要收納很多常用的外出備品，實用性與視覺美感都要納入考量，我整理出 8 個玄關區的設計重點，不僅可以增添玄關實用性，透過設計提升的質感，更讓人一進門就有好心情。

設計重點 1. 落塵區

玄關進門的落塵區多半採用磁磚材質，非常適合喜歡變化性大的屋主，花紋選擇比較多類型可以挑選，尺寸規格也不僅限於常規尺寸，六角磚、馬賽克磚、木紋磚、復古花磚、仿大理石紋磁磚，這些都是我常會使用的類型，要選擇木地板來鋪貼落塵區當然也可以，不管何種建材，主要還是要以好清潔及維護為主，有時候鞋底難免會卡一些小碎石，所以耐刮磨也是挑選材質的重點之一。

設計重點 2. ONE TOUCH 開關設計

只要室內坪數大於 25 坪我建議一定要規劃進去，否則當你要出門時，鞋子穿好、包包拎好，走到樓下突然意識到餐廳燈好像沒有關？房間的燈好像也沒關？這時候又要急忙上樓把鞋子脫掉、東西放著，跑進去檢查，真的沒關燈就算了，如果誤會一場真的很浪費時間，如果有規劃 one touch，只要一按就可以輕鬆關閉家裡所有的燈源。

設計重點 3. 鞋櫃透氣設計

如果鞋櫃打開永遠都有一股臭酸味或霉味，這時候就要去檢視櫃體是否沒有做透氣設計，另外，鞋櫃採用懸空設計通風效果也會比較好，內部層板不要做到底，這樣就有空隙利於透氣，門片也可透過挖空造型輔助通風，透氣的孔洞要留在上下位置，才能有效幫助空氣循環。收納量體大的鞋櫃我還會加裝排風設備，但是設備的排風路徑要確保可以通到室外空間，有很多半套的設計都是安裝了設備，排風管末端出口還是在天花板內，結果所有的氣味都在天花板裡面，同時也要考慮到排風路徑長短的問題，如果路徑超過3 米以上，其實效果也是非常有限。

設計重點 4. 穿鞋椅

玄關如果空間足夠，我還會規劃出穿鞋椅的位置，特別適用有小孩或是長輩成員的家庭，穿鞋椅可以設計與收納功能結合，抽屜形式或上掀門片都是不錯的方式，有時回家可能手拿較多或比較重的東西時，還可暫放穿鞋椅的平台上非常方便。穿鞋椅建議的高度為離地算起 35～38 公分，超過 40 公分彎下去穿鞋時會不舒服，深度不要超過 40 公分，太深的話也不好穿鞋。

35～38 公分

設計重點 5. 玄關衣帽櫃

越來越多人一回到家，就會想把手上物品、外套趕快找地方放，如果沒有規劃出衣帽櫃，外套很容易丟在餐桌椅或是沙發上，整個家裡看起來會很凌亂。衣帽櫃的功能不一定要櫃體才能達成，當鞋櫃收納不夠時，可以採取開放式的設計，利用掛鉤就可以打造收納空間，衣帽櫃內也可以增加層板來放置外出用包包，越來越多屋主喜愛這個設計。

設計重點 6. 置物平檯

我會在離地高 90 公分的地方規劃鏤空平台，平台內高度介於 35 ～ 45 公分即可，方便進門隨手放物品或是小物，在這平台的區域內要記得配置插座來使用，有些屋主習慣在這裡幫手機充電或使用香氛機，沒有預留電源真的會很懊悔。

設計重點 7. 玄關鞋櫃下方

櫃體下方我會採取懸吊式設計，底部懸空離地 20 公分，下雨天淋濕的鞋可以暫時放置等陰乾後再收進去，也可以擺放常用的室內拖鞋，搭配底部燈光營造出迎賓的感覺，家中有用掃地機器人的習慣，不想要放客廳的也可以在這裡預留一組插座，就是掃地機器人的家了。不過有一點要注意，因為新式掃地機器人都是有基座的，基座高度絕對超過懸吊的 20 公分，這種情況就要重新評估擺放的位置。

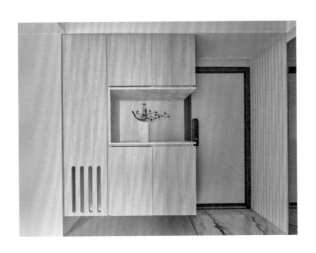

PART	5 個設計大地雷，找出讓你不愛下廚的原因

11

對於每天要下廚的家庭來說，廚房設計規劃的好就是上天堂，除了動線規劃很重要，收納分類、爐台位置、水槽深度以及插座配置都需要按照使用者去量身訂做，這篇整理出廚房設計的 5 大地雷，避免大家踩雷之外，掌握設計眉角自然就有一個美觀又實用的廚房空間。

地雷 1. 動線規劃不良

最常見的廚房設計錯誤，就是不順暢的使用動線，做每一件事情的時候一定會有一個邏輯順序，按照流暢的順序才能獲得更好的效率，以煮菜來說最流暢的順序就是儲藏→洗滌→烹煮，所以設備最佳的擺放順序就是冰箱→水槽→爐具，這個順序就是下廚的最佳動線。很多人規劃廚具時沒有顧慮到，當動線不良時，每次下廚自然會手忙腳亂，就像把爐具放冰箱旁邊，水槽離冰箱最遠，你就會發現每次煮飯就好像在運動一樣，滿身大汗不說還浪費很多時間，簡直就是悲劇一場，時間久了就越來越不喜歡下廚。現在很多新屋的廚房空間其實也不大，屋主常會面臨冰箱跟電器櫃二擇一的窘境，這時可以評估自己的下廚頻率，頻率低的人我建議把冰箱放廚房外面，因為冰箱裡的東西不見得都是烹煮的食材，有很大的機率是飲料、甜點之類，反而在客廳使用冰箱的機率會高一些，反之，下廚頻率高的人放廚房裡面才是正解，拿取食材也會比較方便，在規劃這些設備位置時，只要遵守儲藏→洗滌→烹煮，掌握最佳動線原則，無論是一字型還是 L 型廚具都非常適用。

地雷 2. 收納規劃不足

廚房收納範圍非常廣,要收納的物品基本就有碗盤、鍋具、餐具、調味料、乾貨⋯⋯等,收納空間如果無法有效利用,就會導致物品亂塞亂放,要用時也常會找不到,在設計收納櫃時就要想好各分類物品要放在哪裡,也要將下廚時的使用動線考慮進去。像常用鍋具可放在靠近爐具的櫃內,抽屜櫃是最佳選擇,依大小、功能分類,採取疊放收納最能節省空間,拿取時就可以不用蹲下和彎腰,提升便利度和使用率,大型湯鍋則採併排平放,再搭配分隔板和磁性棒固定,避免位移。廚具的吊櫃很多人都說要做好做滿,但是合適的尺寸也要符合人體工學,吊櫃太高或是深度過深只會造成使用上的不便,最適合的尺寸是吊櫃最高點離地算起 225 公分,櫃體自身高度 50 ～ 60 公分,深度 30 ～ 45 公分,當使用者因身高導致吊櫃內物品不好拿取時,也可加裝下拉式五金解決。下櫃收納也可採用抽屜櫃的設計,利用專屬的分隔配件,將筷子、刀叉、湯匙等分門別類,能令廚具物品各得其所,不但美觀整齊,而且使用時方便度大增,確保廚櫃收納達到最大效益。

地雷 3. 光源不足

是不是以為廚房天花板有燈光就好了，真正在下廚的人會在意料理時的照明亮度，燈源如果從使用者的正上方來，很容易在背光的情況下產生陰影，在料理時就會不小心受傷，或是根本看不清楚食譜，即使是這麼基礎的光源配置，但只要不足，就會讓你在煮飯時綁手綁腳。因此，建議在工作檯面的吊櫃底部加裝照明光源，觸碰型燈具或感應式燈具都是不錯的選擇。

地雷 4. 選錯材質

廚房下櫃與吊櫃中間區域的牆面是防濺牆區域，非常容易沾附油汙跟水漬，務必要規劃適合的材質來維持後續的保養與清潔，常見的材質有烤漆玻璃、磁磚、不鏽鋼、防火抗菌板、琺瑯材質壁板，以下為各材質的特性與優缺點介紹。

1. 烤漆玻璃

目前是防濺板選擇比例最高的建材，特色為好清潔、顏色選擇多樣，可以分為單色烤漆、蔥粉烤漆、圖樣烤漆，表面光滑很好擦拭，親民的成本也讓烤漆玻璃一直都備受喜愛，缺點就是烤漆玻璃屬於一體成型，如後續要鎖吊掛五金必須提前規劃鎖孔位置，一旦未來使用發生破損，無法局部修復只能整片換掉。

2. 磁磚

磁磚選擇多、變化也大，可以依照你喜歡的風格挑選不同的樣式，相比烤漆玻璃，磁磚可以直接鑽孔，增加不同需求的吊掛五金，不過磁磚間縫隙很容易就沾附油汙，長時間使用下來會逐漸形成黑垢，因此在廚房清潔保養上面，需要花心力去維護，比較適用於不常下廚的人。

3. 不鏽鋼

具有耐高溫、耐酸鹼、好清潔的特性，安裝難度上也不高，喜歡工業風廚房或是想塑造個性化廚房風格的，不鏽鋼會是一個不錯的選擇，而且不用擔心黴菌孳生，是很多使用者的首選。最大的缺點就是不耐刮，撞擊力道過大也會容易產生凹痕，但正常使用的情況下，可以說是年限最耐久的防濺板。

4. 防火抗菌板

花色樣式選擇多、耐高溫，加上採用乾式施工，粉塵少施工期短，且表面無毛細孔，好清潔也好保養，還能抑制黴菌滋生，安裝後如後續要追加吊掛五金也不需提前規劃鎖孔位置，缺點是這類建材都是屬於平面板，無法呈現凹凸造型，在安裝成本上也是比較高價位的建材。

5. 琺瑯材質壁板

琺瑯材質壁板因為是在鐵板上噴塗玻璃釉料，同時以高溫燒製，擁有玻璃平滑的特性，還多了鐵板的磁力，除了擁有好清理的光滑、不吃色的表面外，再搭配能吸附、移動的磁鐵收納，就可在壁板上隨心所欲創造收納空間，缺點是只要外圍琺瑯層脫落就易受潮生鏽，反覆清潔易留下刷痕，花色樣式選擇也不多，跟烤漆玻璃對比也是屬於高價位的建材。

防濺板材質—
防火抗菌板

防濺板材質—
烤漆玻璃

地雷 5. 不符使用者的檯面高度

總感覺洗碗的時候會腰酸背痛？烹煮的時候會覺得吊手（就是炒菜舉鍋鏟的手肘懸很高，好像被吊起來一樣）？很大原因就出在廚房檯面高度設定錯誤，最佳檯面高度通常是：使用者身高／2±3 公分，高度會落在 85 ～ 90 公分的區間，這是一個常用來計算的公式。我建議想找出真正適用的檯面高度，應該實際去廚具展示間，以現場的檯面高度再做一次精準校正，假設是男主人負責日後洗碗，這時候水槽檯面高度就應該依照先生身高去確認，我在幫客戶規劃廚房時，都會希望客戶撥空一起走一趟廚具展示間，因為有太多的細節要做確認，真正好用的廚具不是由金額高低來決定，應該是有沒有替使用者量身打造才對。

12

衛浴空間雖然不大，卻是早起出門前與晚上回家後必定要使用到的場所，在規劃浴室的時候，除了選擇喜愛風格之外，也要注意使用動線與材質選擇上是否適合，一個好用兼具實用的衛浴空間也是每位屋主最期望的，掌握以下 5 個重點以免設計華而不實的空間。

設計重點 1. 動線規劃

一間衛浴基本的配置有面盆、馬桶還有淋浴間 / 浴缸，較大的衛浴空間都還會有獨立的浴缸泡澡區，浴室雖然是家中較小的空間，但想要便利又實用的話，最重要的就是動線安排。規劃動線其實不難，只要思考一下每個衛浴設備的使用頻率，接著從使用率高到使用率低的排序，答案就出來了，應為面盆→馬桶→淋浴間 / 浴缸，面盆會放在靠近門口的位置，而淋浴間 / 浴缸浴缸會擺在最裡面，這樣的設計通則如果碰上入門方向是在衛浴中間的話，只要掌握開門不要見到馬桶即可。

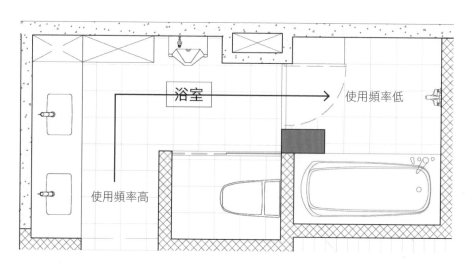

使用頻率低

浴室

使用頻率高

設計重點 2. 乾濕分離

將乾區跟濕區做一個區隔就是所謂的乾濕分離，乾區的部分有面盆、馬桶，濕區的部分就是淋浴區／浴缸，中間會用防水的建材做出區隔，防止使用時水的潑濺，乾濕分離能將洗澡時用水集中在濕區，還能保持乾區地面的乾爽，有效改善整體浴室濕滑發霉情況，以下將說明區隔乾濕區的建材。

1. 浴簾

最簡單的方式就是加裝浴簾，浴簾以安裝成本來說是最經濟實惠的，心情不好就換個浴簾樣式，隨時可以轉換浴室風格，體積也不太佔用空間，缺點就是不能阻隔全部的水，常常還是會有水流到乾區，用久了也會發霉。

2. 玻璃

玻璃隔間可以完全的擋水，保持乾區的乾爽，跟浴簾比起來擋水效果直接上升好幾個檔次。玻璃隔間的樣式選擇多樣，有一字型、L型及多邊型等，缺點就是久了玻璃門會產生水垢，水垢會形成是因為水源內含礦物雜質，加上洗澡會使用香皂、沐浴乳、洗髮精等清潔劑，隨著每個人身上油脂混和而附著在玻璃上，如果沒有立刻清理，日積月累的沉澱堆積在玻璃上，將會形成難以清除的水垢日後清潔維護想要輕鬆，可以考慮在安裝後將玻璃噴上鍍膜劑，讓水珠可以更快流下。

3. 實牆

實牆通常會讓衛浴空間看起來變小一點，所以建議地坪有超過 1.5 坪以上的衛浴空間再來考慮，好處是空間的隱私性是最高的，彼此不會互相影響，想做日式常見的三分離衛浴就滿適用的，三分離指的是將洗手台、馬桶、淋浴間／浴缸這三個機能完全獨立分開於不同的空間。

超過 1.5 坪以上的浴室，可以採用玻璃隔間創造出三分離設計。

設計重點 3. 磁磚選擇

衛浴空間是使用磁磚密度最高的區域，地面、牆面大部分還是以鋪貼磁磚為主，壁磚可以營造風格氛圍，大片磚、小片磚、花磚、馬賽克等，各自都有愛好者，重點在於地面磁磚的選擇除了主觀美感外，還必須把安全因素考慮進去。浴室畢竟是一個濕氣很重的空間，地面濕滑一點都不奇怪，絕對要選擇止滑係數高的地磚，除非空間很大，不然建議在尺寸規格上每片不要超過 30×30 公分，才有利於地面洩水坡度的施作。

設計重點 4. 收納櫃

浴室收納的思考方向可以分兩種，分別是常用物品及儲備品，常用物品像是牙膏、牙刷或洗面乳這種每天會使用的東西，可以選擇開放式的層架來收納，除了方便好拿之外，也因為這些物品常會碰到水，假設是收在封閉型的櫃子裡，很容易就受潮或發霉。另外，儲備品就是衛生紙這類，一定要收在封閉型的櫃子裡，不然只要碰到水就幾乎不能用了。在浴室空間的收納櫃務必要選擇防水材質，除了保護收納起來的物品之外，櫃子也才能夠在潮濕的環境耐用，建議選擇塑料材質的發泡板，即使泡在水中也不易腐爛，還有防霉、防水，耐刮、易清潔這些特性。

開放式層架。

封閉型櫃子。

設計重點 5. 排水與通風

要維持浴室的乾爽不潮濕，排水跟通風也是非常重要的細節，以排水來說就是做出100：1的洩水坡度，可以將日後用水順勢導入到排水孔的位置，另外還有一種集中排水方式就是做濕區的高低差設計，這種工法是讓濕區比乾區略降 1～2 公分，日後用水時就可以將水集中在濕區還可以有擋水功效，不喜歡做止水墩門檻的就可以參考這樣的高低差設計。再來是重要的通風，有對外窗的浴室只要打開窗戶就可以讓濕氣自然的排出，但是沒有對外窗的浴室還是佔了大多數，通風不良就需要靠現代設備來解決。傳統小型排風扇直接升級成多功能的暖風機，基本功能通常有暖氣、涼風、乾燥、換氣等，冬天時提前半小時開啟暖風，等到要盥洗時才不會踩在冷冰冰的浴室裡、夏天也有涼風去除悶熱，潮濕的雨季可開啟乾燥模式讓浴室保持乾燥，平常就可以長時間開啟換氣功能，將濕氣逐漸降低，如此一來即便沒有對外窗，也是一個非常舒適乾爽的衛浴空間。

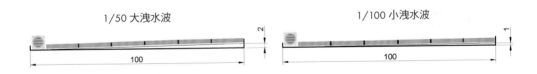

1/50 大洩水波　　　　　　　　　　　　　1/100 小洩水波

100　　　　　　　2　　　　　　　　100　　　　　　1

浴室絕對不能出現的地雷設計！想要居家安全就要避開「5 腐倒」

13

衛浴空間是整個居家生活使用頻率最高的地方，你可以少去客廳或房間，但是不可能不使用廁所，一旦出現地雷設計提高清潔難度事小，進而影響到使用安全那事情就大條了，我歸納出眾多屋主在裝潢前的親身經歷，統整出 5 大讓人苦惱又不安全的衛浴設計。

地雷 1. 空間不足，堅持做乾濕分離

乾濕分離在衛浴超實用設計有出現過，也是很多人期望裝修後可以實現的必做清單，但是當整體衛浴空間小於 1 坪時，規劃上相當有難度，淋浴區所需要的空間至少要有 80 公分 ×80 公分的大小，加上淋浴設備跟置物層架後，這樣的大小在裡面轉身或彎腰洗頭才不會有撞到牆面及玻璃門的情形，家中有小朋友或是寵物，更要把放置澡盆和洗澡椅的情形考慮進去，淋浴間至少需要 100 公分 ×100 公分，如果淋浴間空間不足硬隔出乾濕分離，別人是淋浴洗滌一整天心情，你則是越洗壓力越大。

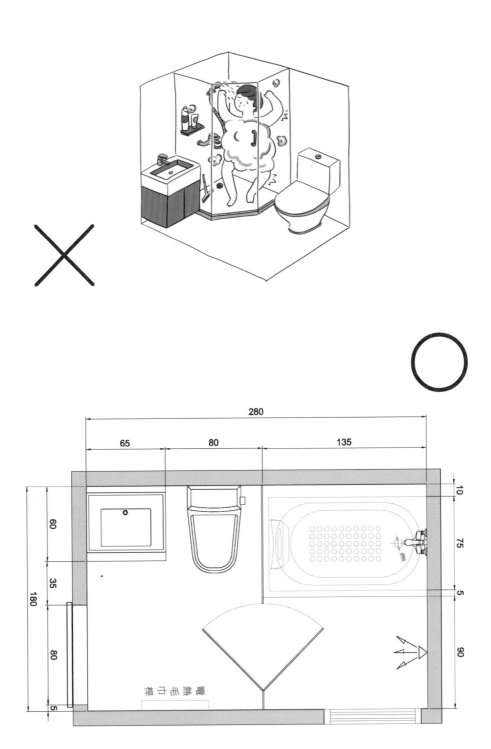

2. 浴缸上安裝淋浴拉門

有些人淋浴區只有安裝浴缸，習慣性站在浴缸裡面沖澡，水當然都噴濺到乾區，要解決這問題就想在浴缸上安裝淋浴拉門來達到乾溼分離的效果，解決了問題可是危險性也大幅增加，不管在什麼地方，只要有高低差的設計，就具有被絆倒的可能性，加上浴缸使用完一定有濕滑的情形，安裝浴缸完成後的高度距離地面會落在 50 ～ 60 公分，因此進出浴缸時腳，還要抬起來再跨過去，只要一個不小心摔個四腳朝天或是腦震盪都是常有的事情。家中有長輩的一定不想發生滑倒的情形，有人會利用淋浴門上的拉門把手兼當安全扶手來使用，這樣的想法非常的不妥，淋浴拉門的實質用意是將用水阻隔，所以即便採用耐撞擊、耐溫差的強化玻璃材質，也要避免單點施壓以及意外撞擊。有搭過公車的人一定都知道，車窗擊破器都會標示遇到危險時候要敲擊玻璃的四個邊角，因為邊角的耐力較差，是受到外力撞擊最容易破裂的位置，如果把拉門當作扶手，長期的單邊施壓，難保有天淋浴拉門會破裂掉，如果剛好站在門旁邊會發生什麼事情應該不用多做解釋了。就算很小心翼翼的使用淋浴拉門，浴缸上面多了拉門門檻的高度不說，萬一在浴缸裡面昏倒，也會因為過道縮小，造成移動的困難度提升，浴缸本體空間就不大，還要進去把人救出來，光是移動就浪費掉很多不必要的時間。

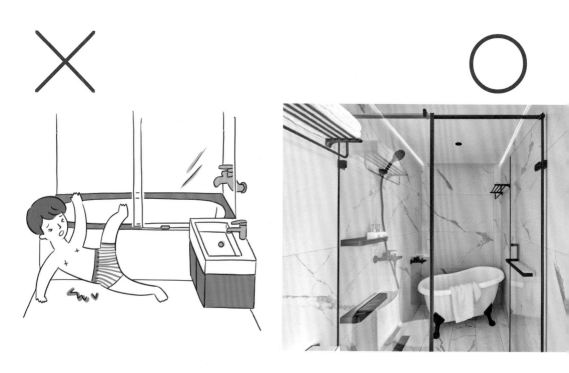

地雷 3. 只顧美觀不顧實用性

這是我看到的浴室設計最常犯錯誤，不論是乾區還是濕區，浴室的止滑度凌駕在美感上，不要再因為美觀去犧牲使用安全的重要性。常見的浴室防滑方法有止滑磁磚、止滑劑、防滑貼片及防滑墊，在挑選止滑磁磚時雖然都有材料商提供的止滑係數，但其實數據僅是挑選磁磚時的輔助角色，我建議實際到磁磚展示現場以雙手觸碰、雙腳感受，才是絕對必要的。萬一現有衛浴無翻修的打算，則可利用止滑劑、防滑貼片及防滑墊來增強止滑強度。另外，越來越多屋主偏好選擇黑色系的衛浴五金，但使用時間久了或經常碰撞，表面容易產生刮痕，淋浴龍頭、花灑也會出現水垢，真的很難維護，除非能每次使用完畢時都用乾布擦拭水痕，如果沒有堅強毅力，建議選擇耐用的不鏽鋼材質。

地雷 4. 尺寸太小的磁磚不要貼

大多數人的衛浴應該都發生過磁磚縫發霉的問題吧！磁磚選的越小塊代表間隙就越多，浴室濕氣重，如果沒有維持乾爽的環境，常常在不知不覺中，牆面、磁磚縫隙就會冒出黑黑的惱人黴菌，裝修完還不到一年就看起來髒兮兮，萬一有客人來家裡做客，應該也不太願意讓客人使用這樣的廁所吧！自己想用浴缸泡澡更慘，就像泡在充滿黴菌的大眾浴池裡面，這樣的環境還有辦法放鬆嗎？！我建議不要選擇馬賽克這類小尺寸的磁磚，馬賽克呈現小顆粒狀，尺寸大約 2.5×2.5 公分～ 5×5 公分之間，背面貼尼龍網將所有顆粒串聯在一起，一才為 30 公分 ×30 公分，由於馬賽克磚的特殊形狀和細小的間隙，清潔相對較為困難，細小的縫隙容易積累汙垢，需要定期清潔，否則容易滋生細菌和霉菌影響美觀度。

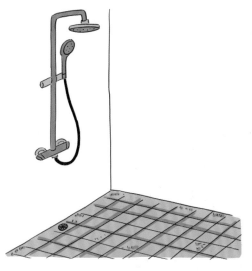

地雷 5. 使用天然建材

這一點其實得看空間的狀況以及材料的源頭，如果衛浴空間越乾燥，這類天然建材能使用的年限就越久，因為天然建材都會有毛細孔，如果本身沒有防潮、防霉的特性，內部就會被濕氣慢慢的侵蝕，像是石材就會開始泛黃變色。有的天然木材會強調防霉、抗潮濕，但是品質越好的木材價格也會越高，而且每棵樹木的品質其實不太一樣，建議最好找這方面的專家去做協助挑選。有很多豪宅業主會喜歡把石材跟木材放進衛浴空間中增添氛圍，但必須得說，豪宅的浴室不僅空間大、且都有對外窗，多功能暖風機也是基本標配之一，使用完畢後可能還有傭人會將浴室打掃乾淨，如果沒有這樣的條件，天然建材還是先緩緩再說。

4 | 材質喬一喬

Part 1　材質這樣挑，讓裝潢看起來更高貴！

Part 2　4 個地方做花磚，瞬間提升質感！

Part 3　4 步驟有效改善甲醛危機

Part 4　6 大主流窗簾特性分析，
　　　　選對軟件增添室內氛圍

材質這樣挑，讓裝潢看起來更高貴！

1

在室內設計中除了顏色可以決定風格的走向外，選對材質也是幫空間增添氛圍的一大關鍵！我認為材料沒有所謂的好壞，正確的使用才能發揮最大的效益。無論是預算的考量，還是其他因素，最重要的是要檢視未來生活模式來挑選材料才會讓此次裝修設計變得有意義。這章節將從材質的感受到如何應用在空間中一次分享給大家。

何謂材質？

空間配置中除了常說到的色彩跟燈光外，還有一個很重要的元素就是空間材質，任何你想像到的地方都可以添加材質，例如：天花板、地板、沙發、桌椅⋯⋯等，而不同的材質會帶來不同的美學效果。許多人會誤以為"材料 ＝ 材質"，但這兩者的定義其實完全不一樣。簡單的說材質就是『物體看起來是什麼質地』，也可以看成是材料和質感的結合，而材料的種種特性都會影響給人的感覺，例如：色彩、紋理、光滑度、透明度等等。分享一個較少人會知道的設計知識，所謂的五感設計就是從人類的五種感官去做設計，分別是視覺、聽覺、觸覺、嗅覺、味覺，運用得好可以讓空間具有強烈的傳達力。日本色彩學專家村野順一在《色彩心理學》中提到，五感接收訊息的比例分別為：視覺87%、聽覺7%％觸覺3%、嗅覺2%、以及味覺1%，即便視覺佔了最大比例，但是五感設計的思路，是將五感聯合起來，進而產生出「共感」（synesthesia），讓大家跳脫單一感官接收，從顏色、聲音、氣味等多重感官去「感受」的全面體驗，五感設計要應用在室內設計中，就可以運用多重材質，去提升大家的居住感受！

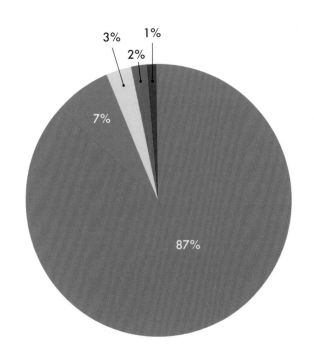

3%　2%　1%

7%

87%

- ● 視覺
- ● 聽覺
- ● 觸覺
- ● 嗅覺
- ● 味覺

五感接收訊息

不同材質的感受度

從空間天、地、壁設計到軟裝家具都有可能會用到材質，不同材質配合設計再融入燈光、色彩、其他設計元素，就可以深化一個空間的風格，大家常聽到的材質有：布料、皮革、木紋、石材、玻璃、鏡面、金屬。我在設計階段會把材質帶來的感受分成四個大項目，分別是：冷＆暖、軟＆硬、輕＆重、肌理，只要能夠掌握以下四種材質的感受，適當的運用在空間設計中，就能讓住家風格更凸顯、更深刻。

1. 冷與暖

金屬、玻璃、石材，這些材質傳遞的感覺偏冷，而木材、布料、織物等，則是給人偏暖的感受。想像一下用手去觸摸玻璃與布料，你會覺得玻璃比較冷、布料比較溫暖。因為這樣的觸覺感受深植在大家的心裡，所以只是用看的，也能感受到冷暖的差別。色彩也有區分成冷色調跟暖色調，當色彩跟材質同時出現，會凸顯冷暖的感受是有相對性的。例如深藍色的織物與紅色的石材，視覺上紅色比藍色感覺暖，觸覺上織物比石材暖。

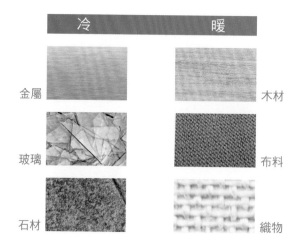

2. 軟與硬

布料、織物能產生柔軟的感覺，而石材、玻璃則能產生偏硬的感覺。軟性材質可以表現親切、柔和，硬性材質可以凸顯力度、與個性。如果希望空間是溫馨、舒適的氛圍，可以適當的使用軟性材質；反之，則需要選用硬性材質，軟與硬同樣具有視覺和觸覺兩個屬性，正確的搭配軟、硬材質，就可以塑造出空間場域的個性。

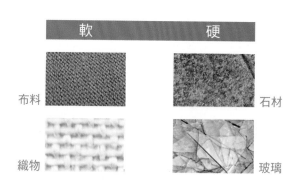

3. 輕與重

輕盈感的材質有玻璃、絲綢、薄布料；相對有厚重感的有金屬、石材、木板等。輕材質運用可使空間更柔和、輕鬆，能創造輕盈感。厚重的材質則可以營造莊重、沉穩的空間氛圍，但需要注意使用過多可能會造成壓迫感。最常發生的就是收納櫃體做好做滿，結果讓空間整體感變得擁擠、壓迫，主因是櫃體顏色選擇上很多都以木紋為主，當視覺面積比例過大時就會空間變小變重的感覺，調整的技巧就是把部分櫃體門片改成玻璃材質，增加視覺通透感、也減輕重量。或是將櫃體門片改成淺色系，讓色彩去減輕原本的厚重感。

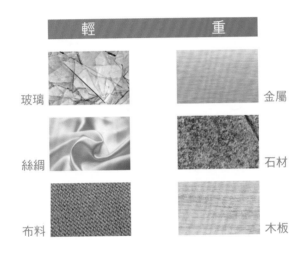

4. 肌理

指的是人對物體表面紋理的感受，跟「質感」的意思相近。肌理有規則的和不規則的，有人工的和自然形成的（如天然的石材所形成的表面紋理），最常見的應該就是磁磚。現在磁磚建材都有許多不同的種類，像是板岩磚、麵包磚、六角磚、花磚等等。磁磚表面的紋理和觸感可以讓人心裡產生不同的感受，甚至可以塑造一種情緒。

特殊漆取代石材、金屬

雖然我講到許多用來營造氛圍的材質，不過有些建材價格可能會超出原本設定的裝潢預算，畢竟高房價時代，在後續裝修上大家都有預算考量，想要兼顧整體品味也想控制預算，其實很多替代建材都有不錯的質感，重點是對荷包的殺傷力也沒這麼大。這幾年最適合當作替代建材的非特殊塗料莫屬了，會使用特殊漆的主要原因有兩個：

1.可呈現連續完整的視覺性

大部分建材都會有常規尺寸的限制，一來是貨運方便運送材料，二來是電梯也能夠裝載到現場，當施作面超過常規尺寸時就會用拼接的方式，這時候設計師會利用溝縫作為拼接材料的線條，不過屬於紋理感的建材也會因為拼接溝縫破壞視覺呈現，特殊漆的優點是施作沒有尺寸限制、可以盡情發揮。

2.專屬手作施工方式，創造獨一無二空間質感

原始油漆牆面改成特殊漆施作，不僅可以設定主題性、創造層次感，就連大理石紋理都能仿作的相當接近，所以電視牆設計我常常會用特殊漆來替代費用較高的大理石，也相對省下不少的裝修費用。

特殊漆

特殊漆

雖說近年特殊漆已經廣受設計師青睞，不過畢竟是塗料所以在維護上還是要稍微注意，一旦尖銳物破撞到還是會受損，得委請專業施工廠商修補。

如果在意建材維護的問題我會推薦薄板磁磚，這類磁磚跟以往大家所熟知的不太一樣，擁有大尺寸的規格 120×240 ～ 280 公分、厚度介於 0.6 ～ 0.7mm，傳統大理石材質厚度 2 公分，相比真正的大理石，薄磚更輕巧好施工、還能省去不少成本，紋理細緻擬真度高，不先說明通常都會誤認成大理石，還有防火、防水、防油、耐磨、抗潮、不吃色這些優勢，所以除了電視牆面也非常適用在廚具檯面或是浴室面盆檯面，直白的說等於是大片的磁磚，所以要貼在浴室當壁磚也是沒問題的。

這 4 個地方做花磚，瞬間提升質感！

2

花磚是一種能營造空間風格的建材，色彩豐富且圖紋多樣，近年來很多屋主都會要求在空間裡面加入花磚的設計元素，也有遇過一些屋主在朋友家看過花磚鋪貼起來覺得很漂亮，但是又擔心會不會太花俏看久了容易膩。其實花磚運用還是有竅門的，如果只是單純貼好貼滿，空間反而會變得俗不可耐，此章節將會說明花磚的種類、風格，以及如何運用搭配的技巧。

一般磁磚與花磚的拼貼方式

一般磁磚的主流拼法分為下列幾種：平貼（橫貼＆豎貼）、人字拼、魚骨拼、1/2 交丁、1/3 交丁、對拼、自然紋拼……等，正常來說施工中的損料在 5 ～ 10% 都算合理，其中最耗損料的拼法就是魚骨拼，至少要抓 15 ～ 20%，這樣的拼法其實在設計案場上很少見，因為長條磁磚如果要在現場做加工，不僅加工中損耗很大，施工時間也勢必會加長，最後加工費用更是驚人，建議要採用此類設計前要先評估金額。

花磚的建議拼法則是看選的花磚模面來決定，這裡模面指的就是這款磚總共有幾種紋理或顏色，素面花磚通常模面不會超過 5 種，這時候我會採取隨機自然拼法，說是隨機也不是真的隨便貼，建議在貼磚施工前幾天提早把磚備好，先預排在地上後再來做組合的微調，調整好後就請施作人員 1：1 的整區複製，也可以拍好照片到時候比對排列組合有沒有跑掉，甚至我也曾經在花磚背後寫上編號，避免施作完成還得面臨二次修改。現在也有很多屋主喜歡六角形花磚的設計感，這就是所謂的蜂巢磚，相較於普遍的四邊磁磚更具有獨特性及趣味性，另外特殊磚，如魚鱗磚及菱形磚，在拼貼的時候都需要非常的仔細跟小心，像魚鱗磚就是要相互的連在一起，只要水平垂直不對齊就會一直歪下去，最後就很難收尾。

由於花磚本身是一個很亮眼的存在，如果整個空間都貼滿花磚，反而無法聚焦，看久了也會有視覺疲勞的情況，所以我建議在一個空間當中花磚跟周圍色系的配色不要超過三種，這樣才會既舒適又耐看，除了相同材質的色彩變化也可以用異材質跟花磚做搭配，就像玄關落塵區我用過木質地板跟花磚做出延伸的感覺，讓空間場產生多層次的設計感。

花磚與風格的搭配組合

◆現代風 × 花磚

我比較常用到的花磚會是大理石紋理跟黑白灰色系這種比較偏線條簡約的類型

◆北歐風 ✕ 花磚

色彩層次較多或是木紋色花磚都很適合去增添層次感以及加深北歐風自然質樸的氛圍

◆復古風 ✕ 花磚

宮廷風花磚跟磨石子磚以及仿舊紋路花磚這種風格類型的設計常被用在一些工業風住家及商業空間中看到

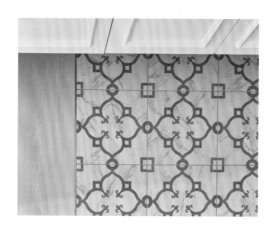

◆鄉村風 × 花磚

搭配花卉還有格紋這類型的花磚去做拼貼，色系上就會挑像橙色、黃色、綠色、藍色絕對有畫龍點睛的效果

◆輕奢風 × 花磚

大理石配花磚去豐富整個空間設計，色系主要是黑跟白再混搭少許金色或玫瑰金就可以打造出奢華感空間

◆無印風 × 花磚

無印風其實也可以用花磚，用木地板配灰色、白色的花磚整體空間視覺上面還是會很一致

最佳運用花磚的四大空間

無論採用什麼風格設計,有些地方我會優先考慮去做花磚的設計,這次也不藏私地分享
給大家。

場域 1、玄關

一進室內會先接觸的區域是很多屋主會希望設計落塵區的地方,落塵區的花磚可以用
來做玄關及公領域場域上的劃分,也可以貼在進門玄關展示櫃的中段鏤空處,如果有
配置穿鞋椅的設計貼在後方牆面上也非常適合,看起來像擺設一幅畫一樣,除了迎賓
之外還可以展現出屋主自身的品味。

場域 2、前陽台

前陽台的地面或是牆面，可採用花磚跟素色磁磚一起搭配，我習慣會把花磚設計鋪貼在前陽台的位置，因為大部分後陽台都用來置物或是當作曬衣空間，所以具有視覺效果的花磚如果用在後陽台被遮擋住，自己也欣賞不到，這樣貼了反而失去效果跟意義。如果前陽台不夠大而且也沒有可以觀賞的景觀，也代表自己不會長時間停留更別說邀請好友欣賞美景，這樣的景觀條件我就不建議貼花磚了。

場域 3、廚房

建議在地面上拼貼成地毯的樣式，或是在廚具上下櫃中間的區塊選用窄長形或是小片的花磚做妝點，不過這裡如果要使用磁磚代替烤漆玻璃有個前提是，下廚頻率低的族群，或者是本身的飲食習慣屬於少油煙的烹煮方式，否則很容易黏附油漬，時間一久磁磚縫就會開始變黃邊黑，甚至選到溝紋更明顯的花磚，到時候整理廚房會成為最大的夢魘。

場域 4、浴室

浴室也是另一個經常使用花磚的空間，浴室設備的基本標配有淋浴龍頭、面盆、毛巾架、馬桶等等，空間足夠的還會有浴缸的配置，牆面的部份我會選擇一面完整牆面的地方鋪貼花磚，才不會影響拼貼起來的視覺感。如果是鋪貼在地面，磁磚的止滑度就變成挑選的第一重點，並非所有磁磚都適合做地磚，如果止滑度不夠會造成未來使用上有危險疑慮時，我寧可建議屋主不要貼花磚，或者另外選擇止滑度夠好的磁磚。

3

甲醛是世界衛生組織（WHO）公布的一級致癌物。特性是無色、無味但具有刺激性的有害氣體，易溶於水，對人眼、鼻、皮膚等有刺激作用。台灣行政院環保署 - 室內空氣品質管理法中有訂定標準：甲醛一小時的累積濃度含量不可以超過 0.08ppm，空氣中濃度超過 0.5 ppm，就會對眼、鼻造成刺激作用。

甲醛幾乎無所不在，是一種來源廣泛的空氣污染物。除了木板材外、許多現成傢俱例如：床墊、沙發、書桌、餐桌椅等，都會產生甲醛溢散。生產化學纖維、染料、橡膠製品、塑膠、墨水、油漆、塗料等，也會釋放大量甲醛，室內空氣中的甲醛主要來源於建築裝飾材料、傢俱、各種黏合劑、塗料、合成紡織品。

很多人會有一種裝修迷思，希望在施工過程中全部採用有綠建材標章的材料，事實上低甲醛的綠建材不等於零甲醛，因為甲醛有個非常重要的特性，就是會在室內疊加濃度。所以當一個空間的裝修材料使用的越多、家具軟件越多，相對甲醛超標的機率就越高，我曾經用過全室綠建材進行裝修，最後還是因為甲醛濃度會疊加的特性超出標準值。

室內空間甲醛的釋放時間長達 3 ～ 15 年，並且逸散的濃度會因為溫濕度而影響，溫度越高，釋放量相對也會增加，就連

室內空間大小也都是影響甲醛濃度高低的因素之一。甲醛中毒的高風險族群包含：小孩、寵物、孕婦、老人。根據世界衛生組織研究指出，如果長期接觸及吸入甲醛，有機會導致甲醛中毒和各種慢性呼吸道疾病，初步徵兆是會對皮膚及呼吸道、眼黏膜有刺激性作用，造成如氣喘、皮膚刺痛、呼吸不暢、咳嗽、咽喉痛、胸悶、眼睛刺痛流淚的症狀，也會透過呼吸系統和皮膚進入人體，另外甲醛濃度過高很容易誘發白血病、急性哮喘疾病，其中兒童與老年人還有女性是最為嚴重的受害者，以下分享 4 個步驟，讓大家也都能遠離甲醛帶來的危害。

步驟 1. 源頭管理 - 使用低甲醛含量建材

木頭美觀、溫潤質感，加上堅固耐用，已經是大眾日常家居中很重要使用的材料，然而傳統合成木板中的塗膠，卻是內含甲醛的隱藏殺手！因此在挑選木製家具、建材等裝修材時，必須先了解該產品的成分與甲醛含量標準為何，最好是符合綠建材標章的建材，目前台灣的國家標準（CNS）對甲醛釋出量分為三級，標示 F1 級為甲醛含量最低，再來是 F2、F3，數字越小代表釋出量越少。

F1：0.3 mg/L 以下
F2：0.5 mg/L 以下
F3：1.5 mg/L 以下

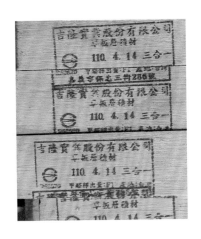

步驟 2. 保持空間通風與對流

由板材緩慢揮發出來的甲醛是不可能馬上消失的，剛裝潢好或擺入新家具的空間，在最初幾個月的甲醛含量最高，隨著一段時間過去，甲醛量才會漸漸散逸。甲醛的重量比空氣略重，因此在空氣中的位置大約是地上 1 公尺，一般的窗戶高度會高於 1 公尺，如果房間只有單邊有窗，在沒有對流的情況下，甲醛很難隨著氣流散去。因此必須打開對流窗，再搭配電扇或循環扇，加強空氣中的對流，室內外空氣流動，才能達到換氣效果。

步驟 3. 選擇適合的電器設備

市面有些標榜可除甲醛的空氣清淨機，雖然透過濾網有一定的作用，但只能作為室內環境治理的輔助。目前想要買對甲醛相對高效的機器成本不便宜，一般設備的活性碳只是單純用物理吸附，其效能與吸附量都有限，再加上空氣清淨機每天需要開啟一定時常才有除甲醛的實際效果，但是甲醛是不間斷持續釋放的，除了增加運作時間與電量的消耗，還需定期更換濾網，金錢成本亦需要計算在內。全熱交換機也是常會被指定的換氣設備，最大優點就是不開窗戶也能通風、排除髒空氣並引進新鮮空氣到室內，但須配合住宅翻修時才能進行管路規劃及安裝，設備費用需考量之外，往後保養和清潔的狀況也需要專業廠商進行，所以用設備來改善甲醛的方式，效果其實有限。

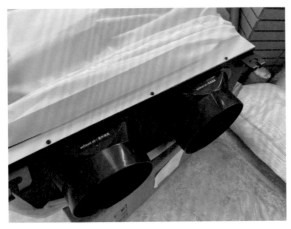

全熱交換器。

步驟 4. 找對專業的除甲醛廠商

坊間許多除甲醛廠商，各家工法都不相同，從施工天數差異就有分為施工半天、一天、三天甚至到五天不等。可施作的範圍及建材也不相同，所以在諮詢廠商前，務必確認清楚各家的施作原理。因為像甲醛這種釋放時間這麼長的一級致癌物，會建議找施工工法細心、天數比較長的廠商施作，效果會比較安心有保障。保固條件也是我評估廠商的指標之一，甲醛的釋放時間為 3 ～ 15 年，前三年濃度最高，為保障居家環境健康，應該挑選保固期間至少 3 年的公司，並且有提供至少四次複測服務的，才可以有效的確認甲醛濃度是否持續維持。因為甲醛的釋放會因為溫度而受影響，但釋放至空氣中的甲醛，用肉眼根本無法察覺，所以建議可以一年四季不同氣候溫度時，各安排一次檢測，透過儀器檢測出的數值更加安心，這也是目前我認為效果最直接的除甲醛方式。

（左）除甲醛—施作前。
（右）除甲醛—施作後。

4

窗簾可說是家中畫龍點睛的必備元素，大家都希望房屋格局採光好、通風佳，但同時又注重隱蔽及私密性，所以窗簾就成為不可或缺的軟件，不只兼具功能姓，更要美觀好看。窗簾依照不同的材質與款式共分 6 種，各種窗簾材質與窗簾構造都有其獨特的功能。從機能面來看主要功能為「調節光線」與「調節溫度」，不同材質與款式也跟「通風」和「隔音」有著相聯性，先清楚款式特性再來做選擇絕對萬無一失。

種類 1. 布窗簾

最常見的窗簾就是傳統布窗簾，一般用於客廳、房間等地方，大多都是左右對開的形式，布窗簾具有完美的厚度，花色選擇多樣，彈性選擇多，如果是選厚度高的布料，還比一般窗簾多了遮光、禦寒的效果。通常布簾的遮光性較高，但透光性相對會犧牲，因此安裝布簾時建議加裝一層紗簾，紗簾濾光性效果佳，一布簾一紗簾的搭配組合，能讓空間保有陽光的照射，同時也保有隱私性。不過布簾較容易卡灰塵，加上清潔時需要完整拆卸較不方便，如果長期不清潔也容易孳生塵蟎。

種類 2. 捲簾

捲簾是上下式的窗簾款式，窗簾布與五金結構相連，收起時以圓筒狀呈現，結構簡約實用，不僅操作方便而且收納起來布料全都在窗戶的上方，也比較不佔空間，基本上除了浴室跟廚房，其他空間都能使用。另外捲簾為 100% 聚酯纖維材質，不易堆積灰塵及塵蟎，適合過敏體質成員，比較需要注意的是，捲簾的拉繩容易對幼童造成潛在的危險，所以家中成員有小朋友的比較不推薦。

種類 3. 調光窗簾

調光簾也稱「斑馬簾」，是一種雙層捲簾的概念，一塊密織的布加上一塊鏤空的紗布組合，可以在遮光與不遮光間做替換，讓你保有隱私的同時也能享受到自然光。受到眾多屋主歡迎原因是條紋交錯的光線可調整成「全暗」、「一行亮一行暗」，調整光線的自由度高，讓空間有簡約優雅的美感，不易堆積灰塵及塵蟎，清潔容易僅需定期用乾布擦拭或吸塵器清潔即可，缺點就是遮光面料的遮光度只有 80% ～ 90%，也不適合裝設在客廳進出的落地窗，因為每次要進出都需要將窗簾全部拉上非常不方便。

種類 4. 百葉窗 & 百葉簾

這兩者名字很像常常會被搞混，百葉簾材質有分鋁百葉、實木百葉、PVC 仿木百葉等，依葉片角度與簾面高低，可自由調整採光；葉片間空隙降低阻隔性，維持室內外空氣流通，但是無法做到全遮光。一般來說居家環境中都適合，尤其是追求寧靜氣氛的書房、客廳、臥室等需要調節日光或視野的環境，如果要使用在潮濕空間中就要使用有防水特性的材質，但是在後續清潔上百葉簾會有點費時費力。

百葉窗從結構來看主要由三大部分組成，窗框、百葉門扇、窗與拉桿，每片百葉門扇以多條平行的木條組成，條狀結構讓百葉窗能夠散熱性佳，還能有效遮擋外在的光線，讓室內更有隱密性，同時保持良好的空氣流通。百葉窗的操作方式通常以滑動、折疊或是推拉方式，操作輕鬆方便，不需要額外的拉繩，就可以輕鬆開啟或者關閉百葉窗，對於家中有小朋友的使用起來非常友善。百葉窗材料種類有實木、塑鋁等，如果是要安裝在浴室或是廚房的門窗，建議選擇塑鋁材質；如果是客廳或是臥室，實木跟塑鋁百葉都非常適合，百葉窗整體外觀兼顧品質與質感，更重要的是防水、防潮與容易清潔，對灰塵有過敏困擾的人是非常好的選擇，另外，實木百葉窗的安裝價格稍高，想控制預算的人可以選塑鋁百葉，外觀呈現上跟實木百葉一樣有質感。

種類 5. 蜂巢簾

蜂巢簾也稱為「風琴簾」，中空的六角形結構設計和蜂巢形似得名，此外又因開闔方式很像手風琴又稱為風琴簾，是個可以上下移動自動開關的窗簾，主要能達到維持室內溫度、全面遮光的效果，具有高效率的隔熱效果，是西曬空間的不二之選。在眾多窗簾操作模式中，無論是遮光透光一次滿足的日夜簾系統、或是保障孩童安全的無拉繩操作都具備，也有遮光、半遮光、紗材質可選擇，是近年來備受青睞的主流選項，在日式風格、極簡風格、北歐風格的設計都可以看到蜂巢簾的蹤影。不過蜂巢簾最怕擠壓變形，因為其面料材質的關係，若遭受擠壓而產生摺痕，就再也無法完全修復，產生永久性的痕跡。因此不建議在幼童房間使用，主要是小朋友的破壞程度遠超過你我的想像。

種類 6. 蛇行簾

蛇行簾又稱作 S 簾，也是布窗簾的一種，都是由窗簾布縫製而成，將窗簾布以前後 S 型
的方式去呈現其立體感與垂度感，最大的差異在於結構與造型，須透過窗簾盒深度及專
用軌道上的滑車機構、蛇行簾間距去形成一般所謂「大蛇、小蛇」等不同的波浪弧度。
安裝後窗簾線條如筆直的瀑布般整齊，非常受到大家喜愛，蛇形簾在遮光、通風的功效
上都與布窗簾接近，內層遮光性高且有較好的隔音效果，若需要提升採光性則會搭配一
層紗簾。需要注意的是，蛇形簾在安裝上必須要預留窗簾盒的位置、且需要一定的深度，
因為布料與安裝結構的關係，所以在施工費用上會稍微略高，但是花色可選擇的種類眾
多，還是讓蛇行簾在塑造空間氛圍中佔有一席之地。另一個要提醒的是，蛇行簾的缺點
是對窗簾盒的標準很高，單層窗簾就必須預留 15 ～ 20 公分，雙層要 30 ～ 45 公分，如
果室內空間不夠大就不建議安裝，而且布質窗簾也必須定期清洗、整燙，來降低塵蟎對
健康的危害。

SOLUTION 161

住宅設計喬一喬：
屋主都要看的裝潢知識大補帖

作　　者｜黃仲均
責任編輯｜許嘉芬
美術設計｜莊佳芳
插　　畫｜黃雅方

發 行 人｜何飛鵬
總 經 理｜李淑霞
社　　長｜林孟葦
總 編 輯｜張麗寶
內容總監｜楊宜倩
叢書主編｜許嘉芬

出　　版｜城邦文化事業股份有限公司 麥浩斯出版
地　　址｜115 台北市南港區昆陽街 16 號 7 樓
電　　話｜（02）2500-7578
傳　　真｜（02）2500-1916
E-mail　｜cs@myhomelife.com.tw

發　　行｜英屬蓋曼群島商家庭傳媒股份有限公司城邦分公司
地　　址｜115 台北市南港區昆陽街 16 號 5 樓
讀者服務專線｜（02）2500-7397；0800-033-866
讀者服務傳真｜（02）2578-9337
訂購專線｜0800-020-299（週一至週五上午 09:30 ～ 12:00；下午 13:30 ～ 17:00）
劃撥帳號｜1983-3516
劃撥戶名｜英屬蓋曼群島商家庭傳媒股份有限公司城邦分公司

香港發行｜城邦（香港）出版集團有限公司
地　　址｜香港九龍土瓜灣土瓜灣道 86 號順聯工業大廈 6 樓 A 室
電　　話｜852-2508-6231
傳　　真｜852-2578-9337
E-mail　｜hkcite@biznetvigator.com

馬新發行｜城邦〈馬新〉出版集團 Cite（M）Sdn.Bhd.（458372U）
地　　址｜11,Jalan 30D／146, Desa Tasik, Sungai Besi,
　　　　　57000 Kuala Lumpur, Malaysia.
電　　話｜（603）9056-3833
傳　　真｜（603）9056-2833

總 經 銷｜聯合發行股份有限公司
電　　話｜（02）2917-8022
傳　　真｜（02）2915-6275
製版印刷｜凱林彩印股份有限公司
版　　次｜2024 年 4 月初版一刷
定　　價｜新台幣 520 元

國家圖書館出版品預行編目 (CIP) 資料

住宅設計喬一喬：屋主都要看的裝潢知識大補帖／黃
仲均作 . -- 初版 . -- 臺北市：城邦文化事業股份有限公
司麥浩斯出版：英屬蓋曼群島商家庭傳媒股份有限公
司城邦分公司發行, 2024.04
　　面；　公分 . -- (Solution；161)
ISBN 978-626-7401-28-6(平裝)

1.CST: 房屋 2.CST: 室內設計 3.CST: 建築物維修

422.9　　　　　　　　　　　　　113001385